Lecture Notes in Mathematics

Edited by A. Dold and B. Eckmann

Subseries: Mathematisches Institut der Universität und Max-Planck-Institut für Mathematik, Bonn – vol. 6

Adviser: F. Hirzebruch

1116

Stephan Stolz

Hochzusammenhängende Mannigfaltigkeiten und ihre Ränder

Springer-Verlag
Berlin Heidelberg New York Tokyo

Autor

Stephan Stolz
Fachbereich Mathematik, Universität Mainz
Saarstr. 21, 6500 Mainz, Federal Republic of Germany

AMS Subject Classifications (1980): 55N22, 57R15, 57R55, 57R90

ISBN 3-540-15209-1 Springer-Verlag Berlin Heidelberg New York Tokyo
ISBN 0-387-15209-1 Springer-Verlag New York Heidelberg Berlin Tokyo

Printing and binding: Beltz Offsetdruck, Hemsbach/Bergstr.
2146/3140-543210

Inhaltsverzeichnis

Introduction

All manifolds considered in this paper are compact, differentiable and oriented. There are several classes of sufficiently highly connected manifolds, which have been classified up to diffeomorphism.
For example, if M is a (k-1)-connected closed m-manifold such that $m < 2k$, then Poincaré duality implies that M is a homotopy sphere, i.e. M is homotopy equivalent to the m-sphere S^m.
Kervaire and Milnor reduced the determination of the set Θ_m of h-cobordism classes of m-dimensional homotopy spheres to stable homotopy theory [Kervaire-Milnor]. By the h-cobordism theorem Θ_m is equal to the set of diffeomorphism classes of m-dimensional homotopy spheres provided $m \geq 5$.
To describe their result let Ω_m^{fr} be the bordism group of framed m-manifolds and let $\operatorname{im} J \subset \Omega_m^{fr}$ be the image of the J-homomorphism which consists of those bordism classes represented by S^m with any framing. They proved that every homotopy sphere $\Sigma \varepsilon \Theta_m$ admits a framing α and that the element $[\Sigma,\alpha] \varepsilon \Omega_m^{fr}/\operatorname{im} J$ represented by the framed manifold (Σ,α) is independent of the choice of α. Thus there is a well-defined map

$$\begin{array}{rcl} \eta: \Theta_m & \longrightarrow & \Omega_m^{fr}/\operatorname{im} J \\ \Sigma & \longmapsto & [\Sigma,\alpha] \end{array} ,$$

which is a homomorphism with respect to the group structure on Θ_m induced by the connected sum.
The map η is surjective exept possibly in dimensions of the form $m = 2^i-2$, where the cokernel of η has at most order two.
The kernel of η, denoted by bP_{m+1}, vanishes for m+1 odd. For $m+1 \equiv 2 \bmod 4$ it is equal to $\mathbb{Z}/2$, exept for $m+1 = 2^i-2$, where it is equal to $\mathbb{Z}/2$ or zero, and for $m+1 \equiv 0 \bmod 4$ it is a large cyclic group whose order can be expressed in terms of Bernoulli

numbers.
Unfortunately the groups $\Omega_m^{fr}/\mathrm{im}\,J$ are very inaccessible. At the moment they have been computed approximately up to $m = 60$, but even in this known range there are no explicit invariants to distinguish elements.

The 1-connected closed 5-manifolds provide another example of a class of manifolds which have been classified up to diffeomorphism [Barden]. A 1-connected closed 5-manifold M is determined up to diffeomorphism by the triple which consists of

(i) the second homology group $H_2(M; \mathbb{Z})$

(ii) the linking form

$$b: \mathrm{tor}H_2(M; \mathbb{Z}) \times \mathrm{tor}H_2(M; \mathbb{Z}) \longrightarrow \mathbb{Q}/\mathbb{Z},$$

where $\mathrm{tor}H_2(M; \mathbb{Z})$ is the torsion subgroup of $H_2(M; \mathbb{Z})$, and

(iii) the second Stiefel-Whitney class of M, considered as a homomorphism $w_2: H_2(M; \mathbb{Z}) \longrightarrow \mathbb{Z}/2$.

Furthermore any triple (H,b,w), where

(i) H is a finitely generated abelian group,

(ii) $b: \mathrm{tor}H \times \mathrm{tor}H \longrightarrow \mathbb{Q}/\mathbb{Z}$ is a skew symmetric, unimodular, bilinear form, and

(iii) $w: H \longrightarrow \mathbb{Z}/2$ is a homomorphism with $2b(x,x) \equiv w(x) \bmod 2\mathbb{Z}$ for all $x \in \mathrm{tor}H$,

is realized for a suitable 1-connected closed 5-manifold.

In contrast to the case of 1-connected closed 5-manifolds a nice classification result for highly connected closed m-manifolds is in general spoiled by the following fact: Let $\mathfrak{M}_m^{<k>}$ denote the set of diffeomorphism classes of (k-1)-connected closed m-manifolds. The connected sum $M \# \Sigma$ of $M \in \mathfrak{M}_m^{<k>}$ and $\Sigma \in \Theta_m$ is generally not diffeomorphic to M. But since there are no suitable invariants to distinguish between Σ and S^m one can't expect invariants to distinguish between $M\#\Sigma$ and $M\# S^m = M$.

For this reason one usually asks for (compare [Wall 1,Wall I-VI]):

1) The classification of the orbits of the operation

$$\begin{array}{ccc} \theta_m \times \mathcal{M}_m^{<k>} & \longrightarrow & \mathcal{M}_m^{<k>} \\ (\Sigma, M) & \longmapsto & \Sigma\# M \end{array}$$

2) The determination of the isotopy subgroup $I(M) \subset \theta_m$ for every $M \varepsilon \mathcal{M}_m^{<k>}$.

I(M) is called the <u>inertia group</u> of M. It depends only on the orbit of M, since θ_m is abelian.

It is easy to see that $M,N \varepsilon \mathcal{M}_m^{<k>}$ are in the same orbit if and only if $M-\mathring{D}^m$ and $N-\mathring{D}^m$ are diffeomorphic ($\mathring{D}^m$ = open m-disk).

Thus question 1 is equivalent to the diffeomorphism classification of (k-1)-connected m-manifolds whose boundaries are diffeomorphic to S^{m-1}.

This can be attacked in two steps:

1a) Diffeomorphism classification of (k-1)-connected, almost closed m-manifolds, i.e. m-manifolds whose boundaries are homotopy spheres

1b) Determination of the kernel of the boundary map

$$\begin{array}{ccc} \partial : A\mathcal{M}_m^{<k>} & \longrightarrow & \theta_{m-1} \\ M & \longmapsto & \partial M \end{array},$$

where $A\mathcal{M}_m^{<k>}$ denotes the set of diffeomorphism classes of (k-1)-connected almost closed m-manifolds.

What is known about the problems 1a, 1b and 2?

A diffeomorphism classification of (k-1)-connected almost closed m-manifolds was obtained by C.T.C. Wall for $m = 2k$, $k \geq 3$ [Wall 1] resp. $m = 2k+1$, $k \geq 4$, $k \neq 7$ [Wall I-VI] and by D.L.

Wilkens for $m = 2k+1$, $k = 3,7$ [Wilkens 1]. Similar to the case of 1-connected closed 5-manifolds these manifolds are classified by the kth homology group, the intersection- resp. linking form and invariants which are related to the normal bundles of embedded spheres (plus some more subtle invariants in certain cases). We remark that for 5-manifolds the normal bundles of embedded 2-spheres can be expressed in terms of the second Stiefel-Whitney class.

Much less is known about the map $\partial: \mathcal{AM}_m^{<k>} \longrightarrow \theta_{m-1}$.
To study it C.T.C. Wall introduced the bordism group $A_m^{<k>}$ of (k-1)-connected almost closed m-manifolds [Wall VI, §17]. Two such manifolds represent the same element in $A_m^{<k>}$ if and only if there is an h-cobordism V between their boundaries, and $M \cup_{\partial M} V \cup_{\partial N} N$ bounds a (k-1)-connected manifold. The boundary map $\partial: \mathcal{AM}_m^{<k>} \longrightarrow \theta_{m-1}$ obviously factors through a map $A_m^{<k>} \longrightarrow \theta_{m-1}$, which we again denote by ∂ and which is a homomorphism.

By weakening his diffeomorphism classification C.T.C. Wall computed the bordism groups $A_m^{<k>}$ for $m = 2k, 2k+1$, $k \geq 3$ [Wall VI; Thm 9, Thm 11]. A correction in the case $m = 2k+1$, $k=4$ is due to D. Frank [Frank 2]. The groups $A_m^{<k>}$, $m = 2k, 2k+1$ are quite small. They vanish for $m = 2k$, $k=3,7$ resp. $m = 2k+1$, $k \equiv 3,5,6,7$ mod8 and are either cyclic or generated by two elements in the other cases. Besides the trivial cases where $A_m^{<k>}$ is zero C.T.C. Wall computed the map $\partial: A_m^{<k>} \longrightarrow \theta_{m-1}$ for $m = 2k$, $3 \leq k \leq 8$ [Wall 1, Thm 4].

For $m \geq 2k$ the image of ∂ always contains the subgroup bP_m of θ_{m-1} consisting of those homotopy spheres which bound framed manifolds. This is due to the fact that by framed surgeries a framed manifold of dimension m can be made (k-1)-connected without changing its boundary.

D.Frank showed that the converse is not true in general.

For example there is a 3-connected almost closed 9-manifold constructed by plumbing whose boundary is not in bP_9 [Frank, Example 1].
On the other hand R.Schultz proved the image of $\partial : A_{2k}^{<k>} \to \Theta_{2k-1}$ to be equal to bP_{2k} for $k \equiv 2 \bmod 8$, $k > 10$ [Schultz, Cor.3.2].

Concerning the inertia group of highly connected manifolds there are mainly results in the case of π-manifolds, i.e. frameable manifolds.
If M is a (k-1)-connected closed π-manifold of dimension m, the inertia group I(M) is trivial for $m = 2k$ [Kosinski 1, Cor.3.2], [Wall VI, Thm10] and $m = 2k+1$, $k \equiv 3 \bmod 4$ [Kosinski 1, Thm6.1], [Browder 3]. For $m = 2k+1$, $k > 2$ I(M) is contained in a geometrically described subgroup of Θ_m, which is cyclic for k odd and generated by two elements for k even [Kosinski 1, 4.6, Thm6.1].
The inertia group of M without the restriction of M being a π-manifold was determined for $m = 2k+1$, $k = 3,7$ by D.L.Wilkens, at least if the orders of $\mathrm{tor}H_k(M;\mathbb{Z})$ and Θ_m are relatively prime [Wilkens 2]. For $m = 2k$ I(M) is trivial resp. equal to the image of $\partial : A_{m+1}^{<k>} \longrightarrow \Theta_m$ depending on an invariant in $\mathrm{Hom}(H_k(M;\mathbb{Z}), \pi_{k-1}(SO_{k+1}))$ which essentially is given by the stable tangent bundle of M restricted to the k-skeleton [Wall VI, Thm10].
We remark that for any m,k I(M) is contained in the image of $\partial : A_{m+1}^{<k>} \longrightarrow \Theta_m$ (see §15). This shows that the determination of the homomorphism ∂ is important not only for question 1b), but also for question 2) and thus is a central problem in the study of highly connected closed manifolds.

In this paper we study the groups $A_m^{<k>}$ and the homomorphism ∂ using stable homotopy theory, notably the Adams spectral sequence. The result is an almost complete determination of the groups $A_m^{<k>}$ in the range $2k \leq m \leq 2k+5$ (theorem A of this introduction) and a computation of ∂ in many cases (theorems B and C). It turns out that the image of ∂ is often contained in the subgroup $bP_m \subset \Theta_{m-1}$. Finally we apply these results to the computation of the inertia groups of (k-1)-connected closed manifolds of dimension 2k and 2k+1 (theorem D). Since the methods involved are quite different from those C.T.C. Wall used we will describe them in some detail in the following.

In the first three sections the computation of $A_m^{<k>}$ is reduced to stable homotopy theory. Observe that $A_m^{<k>}$, similar to Θ_{m-1}, is not a cobordism theory in the sense of [Stong 1, Ch.II]. Thus there is no Pontryagin - Thom construction for $A_m^{<k>}$. We overcome this difficulty by comparing $A_m^{<k>}$ to the bordism group $\Omega_m^{<k>,fr}$ of (k-1)-connected m-manifolds with framed boundary. Using the Pontryagin - Thom construction the latter bordism group can be interpreted as the homotopy groups of a Thom spectrum. We show that there is a long exact sequence

$$\cdots \longrightarrow P_m \xrightarrow{\bar{\omega}} A_m^{<k>} \xrightarrow{\bar{\eta}} \Omega_m^{<k>,fr}/\operatorname{im}\bar{J} \xrightarrow{\bar{\sigma}} P_{m-1} \xrightarrow{\bar{\omega}} \cdots \qquad (1)$$

for $m \geq 2k \geq 6$ (Satz 1.7(i)), where P_m is the surgery obstruction group in the simply connected case,

$$P_m = \begin{cases} \mathbb{Z} & \text{for } m \equiv 0 \bmod 4 \\ \mathbb{Z}/2 & \text{for } m \equiv 2 \bmod 4 \\ 0 & \text{for } m \equiv 1,3 \bmod 4 \end{cases},$$

and $\operatorname{im}\bar{J} \subset \Omega_m^{<k>,fr}$ is the subgroup of those bordism classes represented by the m-dimensional disk with any framing on its boundary. The maps $\bar{\omega}, \bar{\eta}$ and $\bar{\sigma}$ are defined in 1.8.

The sequence (1) is similar to and was motivated by the exact sequence

$$0 \longrightarrow bP_m \xrightarrow{\omega} \Theta_{m-1} \xrightarrow{\eta} \Omega_{m-1}^{fr}/\operatorname{im} J \xrightarrow{\sigma} P_{m-1}$$

used by Kervaire and Milnor in their study of the group θ_{m-1} (compare 1.7 and 1.8).

The sequence (1) turns out to split in a range of dimensions growing exponentially with k (Satz 1.7(ii)). A splitting map

$$s: A_m^{<k>} \longrightarrow P_m$$

is defined by

$$s([M]) = \begin{cases} \frac{1}{8} \text{ signature of } M & \text{for } m \equiv 0 \bmod 4 \\ \text{Kervaire invariant of } M & \text{for } m \equiv 2 \bmod 4 \end{cases} .$$

As explained in 1.8 resp. 1.9 the dimension restriction guarantees that the signature of an almost closed (k-1)-connected m-manifold M is divisible by eight respectively that there is a well-defined Kervaire invariant of M.

The exact sequence (1) and the splitting map s give an isomorphism

$$A_m^{<k>} \simeq P_m \oplus \Omega_m^{<k>,fr}/\mathrm{im}\,\bar{J} \qquad (2)$$

in this range of dimensions (Satz 1.7(ii)).

In §2 we review the Pontryagin - Thom construction. Applied to $\Omega_m^{<k>,fr}$ we obtain an isomorphism

$$\Omega_m^{<k>,fr} \simeq \pi_m(MO[k]/S^o) \qquad (3)$$

where $MO[k]$ is the Thom spectrum associated to the (k-1)-connected cover $BO<k> \longrightarrow BO$, and $S^o \longrightarrow MO[k]$ is the inclusion of the bottom cell (see 2.6).

§3 contains the construction of a (2k-1)-connected spectrum A[k] with the property (see Satz 3.1)

$$\Omega_m^{<k>,fr}/\mathrm{im}\,\bar{J} \simeq \pi_m(A[k]) \qquad (4)$$

A[k] is defined to be the fibre (= desuspension of the cofibre) of a map $c: MO[k]/S^o \longrightarrow bo<k>$ into the (k-1)-connected real K-theory spectrum (bo<k> is defined in 3.5).

Thus by definition A[k] fits into the cofibre sequence

$$A[k] \longrightarrow MO[k]/S^o \xrightarrow{\ c\ } bo<k> \qquad (5)$$

The main advantage of the spectrum A[k] compared with $MO[k]/S^o$ is the fact that A[k] is (2k-1)-connected whereas $MO[k]/S^o$ is only (k-1)-connected. This implies for example that the computation of the group $A_{2k}^{<k>} \simeq P_{2k} \oplus \pi_{2k}(A[k])$ (which has been determined by C.T.C. Wall) involves only the first non-trivial homotopy group of A[k].

In the sections 4-11 we compute the groups $\pi_{2k+d}(A[k])$ in the range $0 \leq d \leq 5$ using the Adams spectral sequence.

§4 contains the necessary cohomological computations. The cohomology ring $H^*(BO\langle k\rangle; \mathbb{Z}/p)$ was determined by R.Stong for p=2 and by V.Giambalvo based on work by W.Singer for odd primes [Stong 2],[Giambalvo],[Singer].

Using their results we compute the kernel and the cokernel of the induced map

$$c^*: H^*(bo\langle k\rangle; \mathbb{Z}/p) \longrightarrow H^*(MO[k]/S^o; \mathbb{Z}/p)$$

as modules over the Steenrodalgebra A in a range of dimensions (see Korollar 4.7, Satz 4.8 for p=2 and Korollar 4.15 for p odd). The short exact sequence

$$0 \longrightarrow \operatorname{coker} c^* \longrightarrow H^*(A[k]; \mathbb{Z}/p) \longrightarrow S^{-1}(\ker c^*) \longrightarrow 0 \quad (6)$$

induced by the cofibration (5) implies that we know $H^*(A[k]; \mathbb{Z}/p)$ as an A-module up to an extension in the same range ($S^{-1}(\ker c^*)$ denotes the desuspension of the graded module $\ker c^*$, see 6.1).

For odd primes there is no extension problem in the range we are considering since the kernel of c^* is trivial up to dimension pk. For p=2 we are not able to determine the extension, but there is an interesting relation to the cohomology of the quadratic construction of BO<k> (see 4.9).

Recall that the quadratic construction of a space X with basepoint * is defined by

$$D_2X := S^\infty \times_{\mathbb{Z}/2} X \wedge X \;/\; S^\infty \times_{\mathbb{Z}/2} * \wedge *$$

where $\mathbb{Z}/2$ acts on $S^\infty x X \wedge X$ by multiplication by -1 on S^∞ and by switching the factors on $X \wedge X$.
The $\mathbb{Z}/2$ - cohomology of D_2X, including the A-module structure, can be described in terms of the cohomology of X [Milgram, §3]. Using this desciption we can show that up to dimension 3k-2 $H^*(D_2BO\langle k\rangle; \mathbb{Z}/2)$ fits into a short exact sequence of A-modules

$$0 \longrightarrow \operatorname{coker} c^* \longrightarrow H^*(D_2BO\langle k\rangle; \mathbb{Z}/2) \longrightarrow S^{-1}(\ker c^*) \longrightarrow 0 \quad (7)$$

provided $k \geq 9$.
<u>Problem</u>: Are $H^*(A[k]; \mathbb{Z}/2)$ and $H^*(D_2BO\langle k\rangle; \mathbb{Z}/2)$ isomorphic A-modules up to dimension 3k-2, provided $k \geq 9$?

Section 5 contains a short description of the Adams spectral sequence and its properties.
In section 6 we develop a method suitable for the computation of Ext-groups including their multiplicative structure, which may be of independent interest. The procedure is as follows: Given a module M over the Steenrodalgebra A which is bounded from below and locally finite, one can construct a 'minimal, almost free resolution up to dimension d' (see definitions 6.2, 6.10, 6.12) in a <u>finite</u> number of steps (see 6.18). From such a resolution the groups $\operatorname{Ext}_A^{s,t}(M, \mathbb{Z}/p)$ including the multiplicative structure can be read off in the range $t-s < d$. Observe that there might be <u>infinite</u> many pairs (s,t) with $t-s < d$ and $\operatorname{Ext}_A^{s,t}(M, \mathbb{Z}/p)$ non-trivial.
We apply this method in §7 to compute

$\operatorname{Ext}_A^{s,t}(H^*(A[k]; \mathbb{Z}/p), \mathbb{Z}/p)$ for p odd, $t-s < 2k+8$ (Lemma 7.1)

and $\operatorname{Ext}_A^{s,t}(\operatorname{coker} c^*, \mathbb{Z}/2)$, $\operatorname{Ext}_A^{s,t}(S^{-1}(\ker c^*), \mathbb{Z}/2)$ for $t-s < 2k+7$ (Satz 7.6).
Unfortunately a direct computation of the Ext-groups of $H^*(A[k]; \mathbb{Z}/2)$ is impossible since we know the A-module structure of $H^*(A[k]; \mathbb{Z}/2)$ only up to an extension. Instead we

show that

$$\mathrm{Ext}_A^{s,t}(S^{-1}(\ker c^*), \mathbb{Z}/2) \oplus \mathrm{Ext}_A^{s,t}(\mathrm{coker}\, c^*, \mathbb{Z}/2) \quad (8)$$

can be interpreted as an E_1-term of the Adams spectral sequence of A[k] (Satz 7.4). Non-trivial d_1-differentials reflect the non-triviality of the extension (6).

The section 8,9,10 and 11 are devoted to the study of these d_1-differentials.

The explicit computation of the E_1-term (8) (see Satz 7.6) shows that in most cases the non-triviality of a d_1-differential is equivalent to the triviality of a composition in $\pi_*(A[k])$. For example let's look at the case $k \equiv 4 \bmod 8$.

According to Satz 7.6 the first bit of the E_1-term of the Adams spectral sequence of A[k] has the following form:

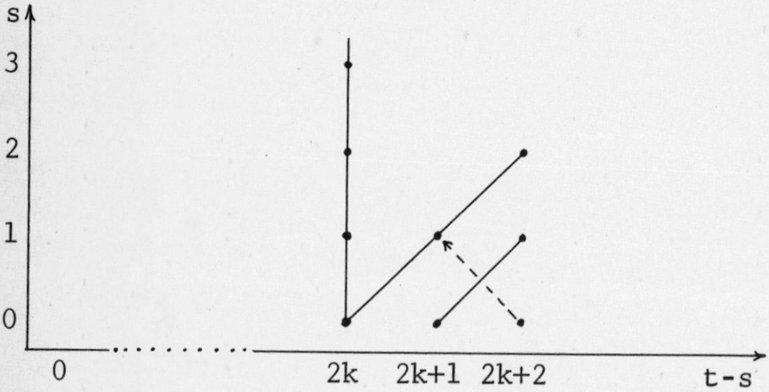

(9)

$$E_1^{s,t}(A[k]) \simeq \mathrm{Ext}_A^{s,t}(S^{-1}(\ker c^*), \mathbb{Z}/2) \oplus \mathrm{Ext}_A^{s,t}(\mathrm{coker}\, c^*, \mathbb{Z}/2)$$
$$\text{for } k \equiv 4 \bmod 8,\ k \geq 9$$

Here a dot in position $(t-s,s)$ represents a generator of $E_1^{s,t}(A[k])$, ←- - - indicates a possibly non-trivial d_1-differential, and the vertical resp. sloping lines indicate the multiplicative structure. The multiplicative structure of the Adams spectral sequence in general and the E_1-term in particular is explained in §§5,6,7.

All we need to know here is the following: With the exception of the indicated d_1-differential all d_1- and higher differentials are trivial in the above range for dimensional reasons or due to the restrictions implied by the multiplicative structure. Thus if the indicated d_1-differential were trivial, the above chart would as well represent the E_∞-term. But it is easy to explain the multiplicative structure of the E_∞-term: Let $\pi_{t-s} = F^0\pi_{t-s} \supset F^1\pi_{t-s} \supset F^2\pi_{t-s} \supset \ldots.$ be the Adams filtration of $\pi_{t-s}(A[k])$. Multiplication by two and composition with the non-trivial map $\eta: S^{t-s+1} \longrightarrow S^{t-s}$ increase the filtration by one, and thus can be considered as maps

$$2: F^s\pi_{t-s} \longrightarrow F^{s+1}\pi_{t-s}$$

$$\eta: F^s\pi_{t-s} \longrightarrow F^{s+1}\pi_{t-s+1}.$$

Let $h_o: E_\infty^{s,t} = F^s\pi_{t-s}/F^{s+1}\pi_{t-s} \longrightarrow E_\infty^{s+1,t+1} = F^{s+1}\pi_{t-s}/F^{s+2}\pi_{t-s}$

and $h_1: E_\infty^{s,t} = F^s\pi_{t-s}/F^{s+1}\pi_{t-s} \longrightarrow E_\infty^{s+1,t+2} = F^{s+1}\pi_{t-s+1}/F^{s+2}\pi_{t-s+1}$

be the induced maps on the filtration quotients.

Non-trivial maps h_0 resp. h_1 are indicated in the chart of the E_∞-term by vertical resp. sloping lines between the corresponding dots.

For example, if $a \in \pi_{2k}(A[k])$ is a filtration zero element, represented by the dot in position (2k,0), then the composition $a \circ \eta \in \pi_{2k+1}(A[k])$ is a filtration one element represented by the dot in position (2k+1,1), provided the d_1-differential is trivial.

Thus we can show the non-triviality of this differential by proving that the composition $a \circ \eta$ is trivial. This is done geometrically in the following way:

First we seek a (k-1)-connected almost closed 2k-manifold M, which represents the element $a \in \pi_{2k}(A[k])$ in the sense that the bordism class of M is mapped to a by the map

$$T\colon A_m^{<k>} \longrightarrow \Omega_m^{<k>,fr}/\operatorname{im}\bar{J} \simeq \pi_m(A[k]).$$

It turns out that a can be represented by the manifold $P(\alpha,-\alpha)$, which is obtained by plumbing the diskbundles of α and $-\alpha$, where α is a k-dimensional vectorbundle over S^k with trivial Euler class representing a generator of $\widetilde{KO}(S^k)$ (Lemma 10.3). This is proved using Satz 8.3, the main result of §8, which gives conditions on a (k-1)-connected almost closed m-manifold M implying that the induced map

$$T(M)^*\colon H^*(A[k];\mathbb{Z}/2) \longrightarrow H^*(S^m;\mathbb{Z}/2)$$

is non-trivial.

The next step is to describe the composition with η geometrically. More generally there is a geometric description of the composition with elements in the image of the J-homomorphism $J\colon \pi_d(SO_{m-1}) \longrightarrow \pi_d^s$:

Let M be a (k-1)-connected almost closed m-manifold, let $i\colon D^{m-1} \hookrightarrow \partial M$ be an embedding, and let $\gamma \in \pi_d(SO_{m-1})$ be represented by an automorphism $\gamma\colon S^d \times \mathbb{R}^{m-1} \longrightarrow S^d \times \mathbb{R}^{m-1}$ of the trivial vector bundle. Using the embedding

$$S^d \times D^{m-1} \xrightarrow{\gamma} S^d \times D^{m-1} \xrightarrow{id \times i} S^d \times \partial M$$

we can attach to $S^d \times M$ a (d+1)-handle. The resulting manifold is a (k-1)-connected almost closed (m+d)-manifold, which we denote by $S^d \times M \cup_\gamma D^{d+1} \times D^{m-1}$. It turns out that this manifold represents the composition $T(M)\circ J(\gamma)$ (Lemma 10.4).

In particular $a\circ\eta \in \pi_{2k+1}(A[k])$ is represented by the manifold $S^1 \times P(\alpha,-\alpha) \cup_\gamma D^2 \times D^{2k-1}$, where γ is the generator of $\pi_1(SO_{2k-1}) \simeq \mathbb{Z}/2$.

So far we have only translated the problem whether the composition $a\circ\eta$ is trivial into a geometric problem. The third and essential step is to solve this problem, i.e. to show that $S^1 \times P(\alpha,-\alpha) \cup_\gamma D^2 \times D^{2k-1}$ represents the zero element in $A_{2k+1}^{<k>}$.

A key result is Satz 9.2, which roughly says the following:

Let $\alpha \varepsilon S\pi_{p-1}(SO_{q-1}), \beta \varepsilon S\pi_{q-1}(SO_{p-1}), \gamma \varepsilon \pi_d(SO_{p+q-1})$ such that $k:=\min(p,q) > 2$ and $p+q+d \leq 3k-3$ ($S: \pi_{p-1}(SO_{q-1}) \to \pi_{p-1}(SO_q)$ is the map induced by the inclusion $SO_{q-1} \to SO_q$). Then the manifold

$$S^d \times P(\alpha,\beta) \cup_\gamma D^{d+1} \times D^{p+q-1}$$

is diffeomorphic to the connected sum $P(\delta,\zeta) ⊧ P(\mu,\nu)$ of two plumbed manifolds (⊧ denotes the connected sum along the boundary). Moreover the elements $\delta \varepsilon S\pi_{p+d-1}(SO_{q-1})$, $\zeta \varepsilon S\pi_{q-1}(SO_{p+d-1})$, $\mu \varepsilon S\pi_{p-1}(SO_{q+d-1})$ and $\nu \varepsilon S\pi_{q+d-1}(SO_{p-1})$ can be expressed in terms of α, β and γ.

In (10.2) we show that the resulting elements δ and ν are trivial, when we apply Satz 9.2 to $S^1 \times P(\alpha,-\alpha) \cup_\gamma D^2 \times D^{2k-1}$ and this in turn implies that $S^1 \times P(\alpha,-\alpha) \cup_\gamma D^2 \times D^{2k-1}$ represents zero in $A_{2k+1}^{<k>}$.

With the exception of one d_1-differential in the case $k \equiv 4 \bmod 8$ starting from an element in dimension 2k+4 all d_1-differentials up to dimension 2k+6 can either be determined by the geometric method sketched above (Satz 11.1) or can be derived algebraically from those differentials determined geometrically (Korollar 11.2, Lemma 11.3). Thus we are able to compute the E_2-term

$$E_2^{s,t}(A[k]) = \mathrm{Ext}_A^{s,t}(H^*(A[k]; \mathbb{Z}/2), \mathbb{Z}/2)$$

nearly completely in the range $t-s \leq 2k+5$.

It is interesting to note that the result coincides with $\mathrm{Ext}_A^{s,t}(H^*(D_2BO\langle k\rangle; \mathbb{Z}/2), \mathbb{Z}/2)$, which can be computed purely algebraically since the A-module structure of $H^*(D_2BO\langle k\rangle; \mathbb{Z}/2)$ is known in terms of $H^*(BO\langle k\rangle; \mathbb{Z}/2)$. This supports the conjecture that $H^*(A[k]; \mathbb{Z}/2)$ and $H^*(D_2BO\langle k\rangle; \mathbb{Z}/2)$ are isomorphic A-modules in a range of dimensions.

On the other hand, if the conjecture were true, the Ext-groups of $H^*(A[k]; \mathbb{Z}/2)$ could be determined algebraically and the geometric considerations in §§8-10 would be unnecessary.

With a few exceptions also the higher differentials and the extensions in the Adams spectral sequence of A[k] can be determined either geometrically or algebraically. Using the isomorphisms (2) and (4) we finally obtain the following result (Satz 11.8):

Theorem A:

Assume $k \geqslant 9$, $2k \leqslant m \leqslant 2k+5$. Then $A_m^{<k>}$ is isomorphic to $P_m \oplus \pi_m(A[k])$, where P_m is the surgery obstruction group of the trivial group, and $\pi_{2k+d}(A[k])$ is given by the following table:

k mod8 \ d	0	1	2	3	4	5
0	$\mathbb{Z}$	$\mathbb{Z}/2 \oplus \mathbb{Z}/2$	$\mathbb{Z}/2 \oplus \mathbb{Z}/2$	$\mathbb{Z}/8$	$\mathbb{Z} \oplus \mathbb{Z}/2$	0
1	$\mathbb{Z}/2$	$\mathbb{Z}/8$	$\mathbb{Z}/2$	0	$\mathbb{Z}/2$	A
2	$\mathbb{Z}/2$	$\mathbb{Z}/2$	$\mathbb{Z}/2$	0	$\mathbb{Z} \oplus \mathbb{Z}/2$	B
4	$\mathbb{Z}$	$\mathbb{Z}/2$	$\mathbb{Z}/2$	C	$\mathbb{Z}$	0

$A = \mathbb{Z}/2 \oplus \mathbb{Z}/2$ or $\mathbb{Z}/4$, $B = (\mathbb{Z}/2)^2 \oplus \mathbb{Z}/4$ or $(\mathbb{Z}/2)^4$ or $(\mathbb{Z}/2)^3$

$C = \mathbb{Z}/8$ or $\mathbb{Z}/4$ or $\mathbb{Z}/2$.

It suffices to tabulate the groups $\pi_m(A[k])$ for $k \equiv 0,1,2,4$ mod8 since there is a homotopy equivalence $A[k] \sim A[k+1]$ for $k \not\equiv 0,1,2,4$ mod8.

We remark that our results differ from those of C.T.C. Wall in the case $k \equiv 2$ mod8, $m = 2k+1$. The error in his proof is pointed out in Bemerkung 11.9.

In sections 12 and 13 we turn to the study of the boundary homomorphism $\partial\colon A_m^{<k>} \longrightarrow \Theta_{m-1}$.

The main results of §12 (Satz 12.2, Satz 12.3 and Korollar 12.4) can be summarized in the following theorem:

<u>Theorem B</u>:

Let M be a $(k-1)$-connected almost closed manifold of dimension $m = 2k+d$. If one of the following conditions holds, then the homotopy sphere ∂M is in the subgroup $bP_m \subset \theta_{m-1}$ (and hence diffeomorphic to S^{m-1} for m odd, $m \geq 5$):

(i) $k \equiv 2 \mod 8$, $k > 10$, $0 \leq d \leq 3$

(ii) the decomposable Pontryagin numbers of M vanish (this is of course only a condition for $m \equiv 0 \mod 4$), $k \geq 113$, $0 \leq d \leq 5$ and $k \not\equiv 1 \mod 8$ if $d=1$, $k \not\equiv 0,4 \mod 8$ if $d=3$, $k \not\equiv 1,2,3,7 \mod 8$ if $d=5$

(iii) M represents an element of order two in $\pi_m(A[k])$ and $5h(k-1) \geq m + 5[\log_2 m] + 13$. Here $[\log_2 m]$ denotes the integral part of $\log_2 m$ and $h(k-1)$ is the number of elements in the set $\{s \in \mathbb{N} / 0 < s \leq k-1,\ s \equiv 0,1,2,4 \mod 8\}$.

To show that the conclusion of this theorem can't be true in general we give examples of highly connected almost closed m-manifolds whose boundaries represent non-trivial elements in $\Omega^{fr}_{m-1}/\mathrm{im}\, J$ for $m = 8,16$ and 19 (Satz 12.1). These examples are easy consequences of results of [Bier - Ray] resp. [Kosinki 2]. Using different methods one of these examples was obtained by D.Frank, as mentioned before.

Part (i) of theorem B follows from the fact that the natural map $\pi_m(A[k]) \longrightarrow \pi_m(A[k-2])$ is zero for $k \equiv 2 \mod 8$, $k > 10$, $2k \leq m \leq 2k+3$, which is easily proved using the results of §11.

Part (ii) follows from part (iii), since the vanishing of decomposable Pontryagin numbers of M implies that the element $T(M) \in \pi_m(A[k])$ represented by M has finite order and this in turn implies $2T(M) = 0$ by theorem A except in the cases excluded in (ii).

To prove part (iii) it suffices using the commutative diagram

$$\begin{array}{ccc} A_m^{<k>} & \xrightarrow{\bar\eta} & \Omega_m^{<k>,fr}/\mathrm{im}\,\bar J \\ \downarrow \partial & & \downarrow \partial \\ \Theta_{m-1} & \xrightarrow{\eta} & \Omega_{m-1}^{fr}/\mathrm{im}\,J \end{array}$$

to show that the image of $\partial : \Omega_m^{<k>,fr} \longrightarrow \Omega_{m-1}^{fr}$ is contained in the image of the J - homomorphism. Under the Pontryagin - Thom construction ∂ corresponds to a homomorphism

$$\partial : \pi_m(MO[k]/S^o) \longrightarrow \pi_{m-1}^s(S^o) \simeq \pi_m^s(S^1)$$

induced by a stable map $MO[k]/S^o \longrightarrow S^1$

The basic observation of the proof is that this map factors as follows:

$$MO[k]/S^o \longrightarrow MO[k-1]/S^o \longrightarrow \dots \longrightarrow MO[1]/S^o \longrightarrow S^1 .$$

According to results of R.Stong the induced map

$$H^t(MO[k]/S^o;\mathbb{Z}/2) \longrightarrow H^t(MO[k+1]/S^o;\mathbb{Z}/2)$$

is trivial for $k \equiv 0,1,2,4 \bmod 8$, $t < 2^{h(k)}$, where h( ) is the function occuring in theorem B, part (iii) (Korollar 4.5(i)). This implies that the elements in the image of ∂ have large Adams filtration. This kind of filtration argument was used by K.H.Knapp in a different context [Knapp].

Recall that in the chart of the E_∞-term of an Adams spectral sequence the x-component corresponds to the dimension, the y-component to the filtration (compare chart (9) in this introduction). Tables of the E_∞-term of the sphere [Mahowald-Tangora] suggest that the only elements above a certain line of slope $\frac{1}{5}$ are the elements in the image of the J-homomorphism and Adams' μ-family [Adams IV].

Assuming this we could conclude that im∂ is contained in the subgroup generated by im J and the elements of the μ-family, provided the numerical condition of part (iii) is satisfied which guarantees that the elements of im∂ are above that line

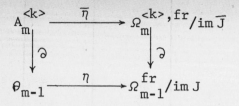

of slope $\frac{1}{5}$. Moreover since the elements of the μ-family don't even bound 2-connected manifolds (compare p. 133), we could conclude $\mathrm{im}\,\partial \subset \mathrm{im}\,J$.
Unfortunately such a description of elements above a $\frac{1}{5}$ - line has only been proved for the Moore spectrum [Mahowald]. This forces us to include the additional assumption that M represents an element of order two in $\pi_m(A[k])$.
Theorem B shows that the boundary of a highly connected almost closed m-manifold M often represents an element in bP_m. The main results of §13 (Satz 13.3, Satz 13.5) show how to identify ∂M in bP_m. They can be summarized in the following theorem:

<u>Theorem C</u>

Let M be a (k-1)-connected almost closed m-manifold with vanishing decomposable Pontryagin numbers, whose boundary ∂M is an element in bP_m.

(i)(G.Brumfiel)

If $m \equiv 0 \bmod 4$, $m \geq 8$ and $k > 2$, then the signature of M is divisible by eight, and ∂M is diffeomorphic to $\frac{1}{8}\,\mathrm{sign}(M)\Sigma_{m-1} \in bP_m$, where Σ_{m-1} is the 'Milnor sphere' (see 13.2), which represents a generator of bP_m. In particular ∂M is diffeomorphic to S^{m-1} iff $\mathrm{sign}(M) \equiv 0 \bmod 8|bP_m|$.

(ii) If $m \equiv 2 \bmod 4$, $m \neq 2^i-2$, and $m < 2^{h(k-1)-2}-2$, then ∂M is diffeomorphic to S^{m-1} iff the Kervaire invariant of M vanishes.

Recall that h(k-1) is the order of the set $\{s \in \mathbb{N} \,/\, 0 < s \leq k-1,\ s \equiv 0,1,2,4 \bmod 8\}$. The inequality for m implies that there is a well-defined Kervaire invariant of M (see 1.9).

Part (i) is a reformulation of results in [Brumfiel], part (ii) is a corollary to the following result, which may be of independent interest (Satz 13.6):

Let N be a (k-1)-connected closed m-manifold with $m \equiv 2 \mod 4$, $m \neq 2^i-2$, and $m < 2^{h(k-1)-2}-2$. Then the Kervaire invariant of N vanishes.

The proof of this is similar to the proof of theorem B, part (iii): On one hand we show that M represents an element of Adams filtration at least three in the bordism group of closed Wu manifolds (Lemma 13.7). On the other hand using Browders results on this bordism group [Browder 2] we show that there are no elements of filtration at least three except the zero element. This implies that the Kervaire invariant of M vanishes, since it is a bordism invariant for Wu manifolds.
In the sections 14 and 15 we apply our results on the boundary homomorphism $\partial: A_m^{<k>} \longrightarrow \theta_{m-1}$ to the study of (k-1)-connected closed 2k- and (2k+1)-manifolds. In particular we obtain the following result on the inertia groups of such manifolds:

<u>Theorem D (Satz 15.4):</u>

Let N be a (k-1)-connected closed manifold of dimension $m = 2k, 2k+1$, where k satisfies the conditions $k > 2$ if $k \equiv 5,6 \mod 8$, $k > 10$ if $k \equiv 2 \mod 8$ and $k \geq 106$ if $k \equiv 0,1,3,4,7 \mod 8$.

(I) The inertia group I(N) vanishes in the following cases:

i) $m=2k$, $k \not\equiv 1 \mod 8$

ii) $m=2k+1$, $k \equiv 1 \mod 4$

iii) $m=2k+1$, $k=4n-1$, and the nth rational Pontryagin class $p_n(N) \in H^{k+1}(N;\mathbb{Q})$ vanishes

iv) $m=2k+1$, k even, $k \neq 2^i-2$, $k \geq 18$ and an invariant $\hat{\phi}(N) \in H^{k+1}(N;\mathbb{Z}/2)$ vanishes

v) $m=2k+1$, $k=2^i-2$, $i \leq 7$

(II) If $m=2k+1$, k even, $k \neq 2^i-2$, $\hat{\phi}(N) \neq 0$ and $H_k(N;\mathbb{Z})$ is torsion-free, then $I(N) = bP_m \simeq \mathbb{Z}/2$.

The invariant $\hat{\phi}(N)$, defined in 15.2, is one of the invariants in C.T.C.Wall's diffeomorphism classification of (k-1)-connected almost closed (2k+1)-manifolds [Wall VI, Thm7]. Or rather it is a good candidate for Wall's invariant, since he defered its definition to part VII of his series, which never appeared (see Bemerkung 15.3).
The proof of the vanishing part of theorem B rests on the fact that every $\Sigma \in I(N)$ bounds a (k-1)-connected (m+1)-manifold (Korollar 15.8) and the study of the signature resp. the Kervaire invariant of this manifold (p.155 resp. Satz 15.13).

The proof of part (II) involves the explicit construction of a diffeomorphism on $N - \mathring{D}^m$, whose restriction to $\partial(N - \mathring{D}^m) = S^{m-1}$ corresponds to the non-trivial element of bP_{m+1} (Lemma 15.15).

I want to thank the participants of the "Arbeitsgemeinschaft Topologie" in Bonn and in particular Matthias Kreck for many stimulating discussions.

§1 Die Bordismusgruppen $A_*^{<k>}$

Im Anschluß an die Definition der Bordismusgruppen $A_*^{<k>}$ beschreiben wir in diesem Paragraphen die exakte Sequenz von Kervaire - Milnor, die eine Beziehung herstellt zwischen der Gruppe der Homotopiesphären θ_* und der Bordismusgruppe Ω_*^{fr} von gerahmten Mannigfaltigkeiten (Satz 1.2). Ganz analog gibt es eine exakte Sequenz, die $A_*^{<k>}$ und die Bordismusgruppe $\Omega_*^{<k>,fr}$ von (k-1)-gerahmten Mannigfaltigkeiten mit gerahmtem Rand in Beziehung setzt (Satz 1.7).
Genau wie Ω_*^{fr} hat $\Omega_*^{<k>,fr}$ den Vorteil, über die Pontrjagin - Thom Konstruktion als Homotopiegruppe interpretierbar zu sein (siehe §2).

1.1 Konventionen und Definitionen :

Unter Mannigfaltigkeiten verstehen wir in dieser Arbeit stets orientierte, kompakte, glatte (d.h. unendlich oft differenzierbare) Mannigfaltigkeiten. Eine Mannigfaltigkeit ohne Rand bezeichnet man als Homotopiesphäre, wenn sie homotopieäquivalent zur Sphäre gleicher Dimension ist. Eine Mannigfaltigkeit mit Rand heißt fast geschlossen, wenn ihr Rand eine Homotopiesphäre ist.
Wie in [Wall VI, §17] betrachten wir die Bordismusklassen solcher Mannigfaltigkeiten:
Zwei m-dimensionale, fast geschlossene, (k-1) - zusammenhängende Mannigfaltigkeiten M_0 und M_1 heißen bordant, wenn es eine (m+1) - dimensionale Mannigfaltigkeit, (k-1) - zusammenhängende Mannigfaltigkeit W gibt mit

$$\partial W = M_0 \cup_{\partial M_0} V \cup_{\partial M_1} M_1 ,$$

wobei V ein h - Kobordismus zwischen ∂M_0 und ∂M_1 ist.

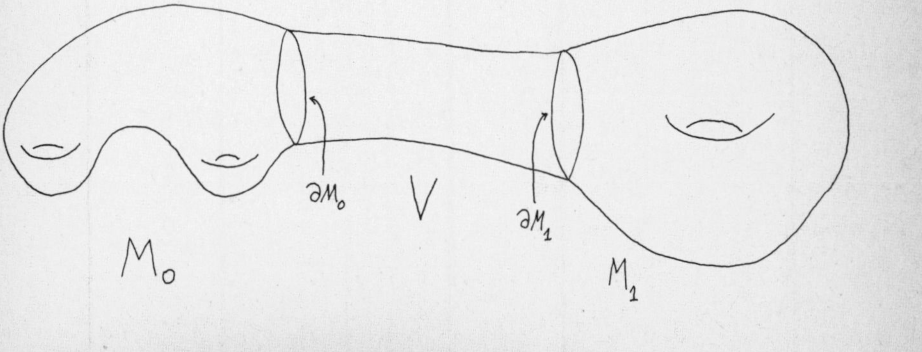

Wir schreiben [M] für die Bordismusklasse einer solchen Mannigfaltigkeit M. Die zusammenhängende Summe längs des Randes ([Browder 1, S.41]) macht die Menge der Bordismusklassen zu einer Gruppe, die mit $A_m^{<k>}$ bezeichnet wird. Das Nullelement von $A_m^{<k>}$ wird von der m - dimensionalen Scheibe D^m repräsentiert.
Man hat den Randhomomorphismus

$$\partial : A_m^{<k>} \longrightarrow \Theta_{m-1} \quad \text{, definiert durch} \qquad [M] \longmapsto [\partial M]$$

in die Gruppe Θ_{m-1} der h - Kobordismusklassen von (m-1) - dimensionalen Homotopiesphären (die Gruppenstruktur auf Θ_{m-1} wird von der zusammenhängenden Summe induziert).

Die folgende Sequenz erlaubt es, die Berechnung von Θ_{m-1} letztendlich auf ein Problem der stabilen Homotopietheorie zu reduzieren:

1.2 Satz ([Kervaire - Milnor]):

Für $m \geqslant 6$ gibt es die folgende exakte Sequenz von abelschen Gruppen und Homomorphismen:

$$0 \longrightarrow bP_m \xrightarrow{\omega} \Theta_{m-1} \xrightarrow{\eta} \Omega_{m-1}^{fr}/\text{Bild}\, J \xrightarrow{\sigma} P_{m-1}$$

1.3 Erklärung der Gruppen und der Homomorphismen:

bP_m ist die Untergruppe der Homotopiesphären $\Sigma \in \Theta_{m-1}$, die Rand einer gerahmten Mannigfaltigkeit sind. Hierbei versteht man unter einer gerahmten Mannigfaltigkeit eine Mannigfaltigkeit M^m zusammen mit einer Trivialisierung $\bar{g}: \nu^r \xrightarrow{\simeq} \varepsilon^r$ des Normalenbündels $\nu(M,D^{m+r})$ einer Einbettung $M \hookrightarrow D^{m+r}$ (ε^r:= triviales r-dimensionales Bündel, D^{m+r}:= (m+r) - dimensionale Scheibe).

Ω_{m-1}^{fr} bezeichnet die Bordismusgruppe der geschlossenen, gerahmten Mannigfaltigkeiten der Dimension m-1.

$J: \pi_{m-1}(SO) \longrightarrow \Omega_{m-1}^{fr}$ ist der (stabile) J - Homomorphismus, den man folgendermaßen definieren kann:
Es sei $\bar{g}: \nu^r \xrightarrow{\simeq} \varepsilon^r$ die Standardrahmung von S^{m-1} als Rand von D^m,

und $\bar{h}: S^{m-1} \times \mathbb{R}^r \longrightarrow S^{m-1} \times \mathbb{R}^r$ ein Vektorbündelautomorphismus. Dann ist die Komposition $\overline{hg}$ wieder eine Rahmung von S^{m-1}. Der Isomorphismus $\bar{h}$ repräsentiert ein Element $[\bar{h}] \in \pi_{m-1}(SO)$, und man setzt:

$$J([\bar{h}]) := [S^{m-1}, \overline{hg}] \in \Omega^{fr}_{m-1} .$$

$\omega: bP_m \longrightarrow \Theta_{m-1}$ ist die Inklusion

$\eta: \Theta_{m-1} \longrightarrow \Omega^{fr}_{m-1}/\text{Bild}\, J$ ordnet einer Homotopiesphäre Σ die Bordismusklasse zu, die durch Σ mit einer Rahmung $\bar{g}$ repräsentiert wird. Diese Abbildung ist wohldefiniert, denn jede Homotopiesphäre ist rahmbar ([Kervaire - Milnor]), und die Differenz $[\Sigma,\bar{g}] - [\Sigma,\bar{g}']$ für unterschiedliche Rahmungen $\bar{g},\bar{g}'$ liegt im Bild des J-Homomorphismus.

P_m ist die <u>Surgerygruppe</u> im einfach zusammenhängenden Fall:

$$P_m = \begin{cases} \mathbb{Z} & \text{für } m \equiv 0 \bmod 4 \\ \mathbb{Z}/2 & \text{für } m \equiv 2 \bmod 4 \\ 0 & \text{sonst} \end{cases}$$

$\sigma: \Omega^{fr}_{m-1} \longrightarrow P_{m-1}$ ist die <u>Surgeryinvariante</u> definiert durch:

$$\sigma([M,\bar{g}]) := \begin{cases} \frac{1}{8}\text{sign}(M) & \text{für } m-1 \equiv 0 \bmod 4 \\ \text{Kerv}(M,\bar{g}) & \text{für } m-1 \equiv 2 \bmod 4 \end{cases}$$

Hierbei bezeichnet sign(M) die Signatur von M, die sich durch acht teilen läßt, weil die Schnittform einer gerahmten Mannigfaltigkeit eine gerade Form ist (vgl.1.8), Kerv(M,g) ist die Kervaire - Invariante von $[M,\bar{g}]$ (siehe z.B. [Browder 1,2], vgl. 1.9).

Die exakte Sequenz in Satz 1.2 stellt eine Beziehung her zwischen Homotopiesphären und gerahmten Mannigfaltigkeiten. Ganz analog gibt es eine Beziehung zwischen (k-1) - zusammenhängenden Mannigfaltigkeiten, deren Ränder Homotopiesphären sind, und (k-1) - zusammenhängenden Mannigfaltigkeiten mit gerahmtem Rand.
Aus technischen Gründen arbeiten wir jedoch nicht mit der Bordismusgruppe solcher Mannigfaltigkeiten, sondern mit der zu dieser isomor-

phen Bordismusgruppe von (k-1) - gerahmten Mannigfaltigkeiten mit gerahmtem Rand. Letztere hat den Vorteil einer direkten Pontrjagin-Thom Konstruktion (siehe §2).
Zur Definition (k-1) - gerahmter Mannigfaltigkeiten benötigen wir einige Bezeichnungen:

1.4 Bezeichnungen:

Es sei BO_r der klassifizierende Raum für r-dimensionale Vektorbündel, und γ^r das universelle Vektorbündel über BO_r. Man kann BO_r als Unterraum von BO_{r+1} auffassen, und bezeichnet mit BO die Vereinigung $\bigcup_r BO_r$.
Weiterhin sei $BO\langle k\rangle$ die (k-1) - zusammenhängende Überlagerung von BO (die (k-1) - zusammenhängende Überlagerung $X\langle k\rangle$ eines Raumes X ist für $k = 2$ die universelle Überlagerung von X; für beliebiges k läßt sich $X\langle k\rangle$ bis auf Homotopieäquivalenz dadurch charakterisieren, daß $X\langle k\rangle$ Totalraum einer Faserung $p_k: X\langle k\rangle \longrightarrow X$ ist mit $(p_k)_*: \pi_q(X\langle k\rangle) \longrightarrow \pi_q(X)$ Isomorphismus für $q \geq k$, und $\pi_q(X\langle k\rangle) = 0$ für $0 \leq q < k$).
Mit $BO\langle k\rangle_r$ bezeichnen wir das Urbild von BO_r unter der Projektion $p_k: BO\langle k\rangle \longrightarrow BO$ und mit $\bar{\gamma}^r_k$ (oder auch $\bar{\gamma}^r$) das induzierte Vektorbündel $(p_k|BO\langle k\rangle_r)^* \gamma^r$.

1.5 Definition:

Eine (k-1) - gerahmte Mannigfaltigkeit mit gerahmtem Rand ist eine Mannigfaltigkeit M^m, normal eingebettet in D^{m+r} (d.h. die Einbettung $i: M \hookrightarrow D^{m+r}$ ist transversal zu ∂D^{m+r} und $i^{-1}(\partial D^{m+r}) = \partial M$), zusammen mit einer Abbildung $g: (M,\partial M) \longrightarrow (BO\langle k\rangle_r,*)$ und einem Vektorbündelisomorphismus $\bar{g}: \nu(M,D^{m+r}) \xrightarrow{\simeq} g^*\bar{\gamma}^r$. Hierbei ist r eine festgewählte Zahl mit $r > m+1$, und $\nu(M,D^{m+r})$ bezeichnet das Normalenbündel von M in D^{m+r}.
Zwei solche Mannigfaltigkeiten $(M,g,\bar{g})$ und $(M',g',\bar{g}')$ heißen bordant, wenn es eine (m+1) - dimensionale Mannigfaltigkeit W gibt, eingebettet in $D^{m+r} \times [0,1]$, mit

$$\partial W = M \cup_{\partial M} V \cup_{\partial M'} M',$$

sodaß die Einschränkung dieser Einbettung auf M (bzw. M') die vorliegende Einbettung von M (bzw. M') ist, zusammen mit einer Abbildung

$$G\colon (W,V) \longrightarrow (BO<k>_r,*) \qquad \text{mit } G_{|M} = g, \quad G_{|M'} = g'$$

und einem Vektorbündelisomorphismus

$$\overline{G}\colon \nu(W, D^{m+r} \times [0,1]) \longrightarrow G^*\overline{\gamma}_k^r \qquad \text{mit } \overline{G}_{|M} = \overline{g}, \quad \overline{G}_{|M'} = \overline{g}'.$$

Wir schreiben $\Omega_m^{<k>,fr}$ für die zugehörige Bordismusgruppe.

__1.6 Bemerkung__:

Wenn M eine Mannigfaltigkeit mit gerahmtem Rand ist, dann existiert eine Abbildung $\tilde{g}\colon (M,\partial M) \longrightarrow (BO_r,*)$ und ein Vektorbündelisomorphismus $\overline{g}\colon \nu^r \longrightarrow \tilde{g}^*\gamma^r$. Ferner ist das Paar $(\tilde{g},\overline{g})$ durch die Rahmung des Randes bis auf Homotopie eindeutig bestimmt.
Die Homotopiegruppen der Faser von $BO<k>_r \longrightarrow BO_r$ (=Faser von $BO<k> \longrightarrow BO$) verschwinden in Dimensionen größer gleich k-1. Wenn das Paar $(M,\partial M)$ (k-1) - zusammenhängend ist, folgt deshalb mit Hindernistheorie, daß $\tilde{g}$ folgendermaßen faktorisiert:

$$\begin{array}{ccc} & & (BO<k>_r,*) \\ & \overset{g}{\nearrow} & \downarrow p_k \\ (M,\partial M) & \xrightarrow{\ \tilde{g}\ } & (BO_r,*) \end{array}$$

Ebenfalls mit Hindernistheorie folgt, daß die Hochhebung g bis auf Homotopie eindeutig ist.
Zusammenfassend können wir sagen: Eine Rahmung des Randes einer Mannigfaltigkeit M induziert, wenn $(M,\partial M)$ (k-1) - zusammenhängend ist, eine Abbildung $g\colon (M,\partial M) \longrightarrow (BO<k>_r,*)$ und einen Vektorbündelisomorphismus $\overline{g}\colon \nu^r \longrightarrow g^*\overline{\gamma}_k^r$, und das Paar $(g,\overline{g})$ ist bis auf Homotopie eindeutig.

__1.7 Satz__:

i) Für $m \geq 2k \geq 6$ gibt es ein kommutatives Diagramm mit exakten Zeilen:

$$\begin{array}{cccccccccc} \xrightarrow{\overline{\sigma}} & P_m & \xrightarrow{\overline{\omega}} & A_m^{<k>} & \xrightarrow{\overline{\eta}} & \Omega_m^{<k>,fr}/\text{Bild}\,\overline{J} & \xrightarrow{\overline{\sigma}} & P_{m-1} & \xrightarrow{\overline{\omega}} \\ & \downarrow p & & \downarrow \partial & & \downarrow \partial & & \downarrow \text{id} & \\ 0 \xrightarrow{\sigma} & bP_m & \xrightarrow{\omega} & \Theta_{m-1} & \xrightarrow{\eta} & \Omega_{m-1}^{fr}/\text{Bild}\,J & \xrightarrow{\sigma} & P_{m-1} & \xrightarrow{\omega} \end{array}$$

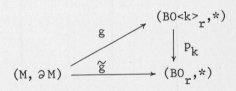

ii) Es sei $h(k) := \# \{ s \in \mathbb{N} / 0 < s \leq k,\ s \equiv 0,1,2 \text{ oder } 4 \text{ mod} 8 \}$. Dann gibt es für $2k \leq m < 2^{h(k-1)+1} - 2$ einen Homomorphismus

$$s: A_m^{<k>} \longrightarrow P_m \quad \text{mit } s \circ \overline{\omega} = id;$$

Insbesondere gilt $A_m^{<k>} \simeq P_m \oplus \Omega_m^{<k>,fr} / \text{Bild}\,\overline{J}$ in diesem Dimensionsbereich.

1.8 Erklärung der Homomorphismen:

$\overline{J}: \pi_{m-1}(SO) \longrightarrow \Omega_m^{<k>,fr}$ ordnet einem Element $[\overline{h}] \varepsilon\, \pi_{m-1}(SO)$ die Bordismusklasse zu, die von der m-dimensionalen Scheibe D^m mit der Rahmung $\overline{h}\overline{g}$ des Randes repräsentiert wird (vgl. Bemerkung 1.6).

Ein Vergleich mit der Definition von J zeigt, daß die Randabbildung

$$\partial: \Omega_m^{<k>,fr} / \text{Bild}\,\overline{J} \longrightarrow \Omega_{m-1}^{fr} / \text{Bild}\,J$$
$$[M,g,\overline{g}] \longmapsto [\partial M, \overline{g}_{|\partial M}]$$

wohldefiniert ist.

$\overline{\sigma}$ wird definiert durch $\overline{\sigma} := \sigma \circ \partial$

$\overline{\eta}: A_m^{<k>} \longrightarrow \Omega_m^{<k>,fr} / \text{Bild}\,\overline{J}$ ist folgendermaßen definiert:
Es sei M eine (k-1)-zusammenhängende, fast geschlossene Mannigfaltigkeit der Dimension m. Der Einbettungssatz von Whitney besagt, daß es für $r > m+1$ eine bis auf Isotopie eindeutige Einbettung $(M,\partial M) \hookrightarrow (D^{m+r}, \partial D^{m+r})$ gibt. Eine Rahmung der Homotopiesphäre ∂M induziert nach Bemerkung 1.6 eine Abbildung $g: (M,\partial M) \longrightarrow (BO\langle k\rangle_r, *)$ und einen Vektorbündelisomorphismus $\overline{g}: \nu^r \longrightarrow g^* \overline{\gamma}_k^r$, und wir definieren: $\overline{\eta}([M]) := [M,g,\overline{g}]$. Die Wahl einer anderen Rahmung von ∂M führt zu einer Bordismusklasse $[M,g',\overline{g}']$ mit $[M,g,\overline{g}] - [M,g',\overline{g}'] \varepsilon$ Bild $\overline{J}$.

$\overline{\omega}: P_m \longrightarrow A_m^{<k>}$ ordnet einem Element $p \varepsilon P_m$ die Bordismusklasse zu, die von einer gerahmten, (k-1)-zusammenhängenden, fast geschlossenen Mannigfaltigkeit der Dimension m mit Surgeryinvariante p repräsentiert wird, z.B. der zusammenhängenden Summe von p Exemplaren der Kervairemannigfaltigkeit (für $k \equiv 2$ mod4) bzw. Milnormannigfaltigkeit (für $k \equiv 0$ mod4).

Erstere entsteht durch Plumben von zwei Kopien von $D(\tau S^n)$ ($n:=m/2$, $D(\tau S^n)$ = Scheibenbündel des Tangentialbündels von S^n), letztere durch Plumben von acht Kopien von $D(\tau S^n)$ entsprechend dem Graphen E_8 ([Browder 1, Kap. V]).
Zur Wohldefiniertheit muß man zeigen, daß eine gerahmte, (k-1)-zusammenhängende, fast geschlossene Mannigfaltigkeit mit verschwindender Surgeryinvariante nullbordant ist (in $A_m^{<k>}$).
Nach Resultaten von [Kervaire - Milnor] kann man M durch Surgeries auf Homotopieklassen im Dimensionsbereich zwischen k und m/2 zu einer Scheibe machen. Da solche Surgeries nicht aus der Bordismusklasse hinausführen, ist M nullbordant.

$p: P_m \longrightarrow bP_m$ ordnet einem Element $p \varepsilon P_m$ die Homotopiesphäre $\partial \circ \overline{\omega}(p)$ zu (diese liegt nach Konstruktion von $\overline{\omega}$ in bP_m).

$s: A_m^{<k>} \longrightarrow P_m$ ist definiert durch

$$s([M]) := \begin{cases} \frac{1}{8}\text{sign}(M) & \text{für } m \equiv 0 \text{ mod} 4 \\ \text{Kerv}(M) & \text{für } m \equiv 2 \text{ mod} 4 \end{cases}$$

Zur Teilbarkeit der Signatur:
Aus Korollar 4.5i folgt, daß die induzierte Abbildung $p^*: \tilde{H}^q(BO;\mathbb{Z}/2) \longrightarrow \tilde{H}^q(BO{<}k{>};\mathbb{Z}/2)$ null ist für $q < 2^{h(k-1)}$.
Also verschwinden wegen $m < 2^{h(k-1)+1} - 2$ alle Stiefel - Whitney Klassen des stabilen Vektorbündels $\overline{\gamma}_k$ bis zur Dimension n+1 ($n:=m/2$) einschließlich. Das gleiche gilt dann für das stabile Normalenbündel ν von M, denn ν ist ein Pullback von $\overline{\gamma}_k$ (Bemerkung 1.6). Insbesondere verschwindet die n-te Wu - Klasse $v_n(M)$, und es gilt $xx = Sq^n x = v_n(M)x = 0$ für alle $x \varepsilon H^n(M,\partial M;\mathbb{Z}/2)$. Also ist die Schnittform von M gerade und somit ihre Signatur durch acht teilbar.

<u>1.9 Zur Definition der Kervaire - Invarianten</u>:

Aus dem oben gesagten folgt, daß die (n+1) - te Wu - Klasse $v_{n+1}(\overline{\gamma}_k)$ null ist. Also faktorisiert die Projektion $p_k: BO{<}k{>} \longrightarrow BO$ in der folgenden Form:

$$\begin{array}{ccccc} & & BO\langle v_{n+1}\rangle := v_{n+1}^{*}P & \longrightarrow & P \\ & \overset{\tilde{p}_k}{\nearrow} & \downarrow & & \downarrow \\ BO\langle k\rangle & \xrightarrow{p_k} & BO & \xrightarrow{v_{n+1}} & K(\mathbb{Z}/2,n+1) \end{array}$$

(Wir identifizieren die Kohomologieklasse $v_{n+1} \varepsilon H^{n+1}(BO;\mathbb{Z}/2)$ mit der zugehörigen Abbildung in den Eilenberg - MacLane Raum $K(\mathbb{Z}/2,n+1)$; $P \longrightarrow K(\mathbb{Z}/2,n+1)$ ist die Wegefaserung).

Eine Rahmung des Randes einer (k-1)-zusammenhängenden, fast geschlossenen Mannigfaltigkeit M induziert eine Abbildung $g: (M,\partial M) \longrightarrow (BO\langle k\rangle,*)$ (Bemerkung 1.6).

Die Komposition $p_k \circ g: (M,\partial M) \longrightarrow (BO\langle v_{n+1}\rangle,*)$ ist eine <u>Wu - Struktur</u> auf $(M,\partial M)$. Wie in [Brown] beschrieben läßt sich dann eine quadratische Form

$$q: H^n(M,\partial M;\mathbb{Z}/2) \longrightarrow \mathbb{Z}/4$$

definieren mit $q(x+y) = q(x) + q(y) + 2\langle x\cup y,[M,\partial M]\rangle$ für $x,y \varepsilon H^n(M,\partial M;\mathbb{Z}/2)$. Hierbei ist $\langle\ \ ,[M,\partial M]\rangle \ \varepsilon\ \mathbb{Z}/2$ das Kronecker-Produkt mit der relativen Fundamentalklasse von M, und $2: \mathbb{Z}/2 \rightarrow \mathbb{Z}/4$ die Inklusion. Da $v_n(M)$ verschwindet, gilt insbesondere:

$$0 = q(2x) = 2q(x) + 2\langle x\cup x,[M,\partial M]\rangle = 2q(x) + 2\langle v_n \cup x,[M,\partial M]\rangle = 2q(x),$$

sodaß man q als $\mathbb{Z}/2$ - wertige quadratische Form auffassen kann, deren Arf - Invariante wir mit Kerv(M) bezeichnen.

Kerv(M) hängt von der Wahl des Lifts $\tilde{p}_k$ ab, d.h. ein anderer Lift führt im allgemeinen zu einer anderen Spaltungsabbildung s.

<u>Beweis von Satz 1.7</u>:

Die Kommutativität des Diagrammes und ebenso $s \circ \bar{\omega} = id$ folgt direkt aus den Definitionen. Zu zeigen bleibt die Exaktheit der oberen Zeile.

a) Exaktheit bei P_{m-1}:

Es sei $[M,g,\bar{g}] \varepsilon\ \Omega_m^{\langle k\rangle,fr}/\text{Bild}\,\bar{J}$. Nach Surgeries kann man o.B.d.A. annehmen, daß ∂M und M (k-1) - zusammenhängend sind. Dann wird $\bar{\omega}\circ\bar{\sigma}([M,g,\bar{g}]) \varepsilon\ A_{m-1}^{\langle k\rangle}$ z.B. von der Mannigfaltigkeit $\partial M - \mathring{D}^{m-1}$ repräsentiert. Die Mannigfaltigkeit M kann man als Bordismus zwischen ∂M und der Scheibe interpretieren, und es folgt $\bar{\omega}\circ\bar{\sigma} = 0$.

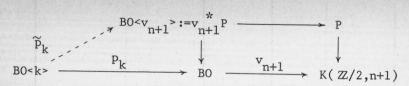

Sei umgekehrt $p \,\varepsilon\, P_{m-1}$ mit $\bar{\omega}(p) = 0$. Das heißt: Es gibt eine gerahmte, (k-1) - zusammenhängende, fast geschlossene Mannigfaltigkeit $(N,\bar{g})$ der Dimension m-1 mit Surgeryinvariant p, die nullbordant ist in $A_{m-1}^{<k>}$. Ein Nullbordismus ist eine (k-1) - zusammenhängende Mannigfaltigkeit W mit $\partial W = N \cup_{\partial N} D^{m-1}$. Wenn sich die Rahmung $\bar{g}$ von N auf die Scheibe fortsetzen läßt, repräsentiert W mit dieser Rahmung seines Randes ein Element in $\Omega_m^{<k>,fr}/\mathrm{Bild}\,\bar{J}$, das auf $p \varepsilon P_{m-1}$ abgebildet wird. Ein Hindernis gegen die Fortsetzbarkeit existiert nur für $m-1 \equiv 0$ mod4, und verschwindet dort, weil die Signatur von ∂W null ist ([Kervaire-Milnor]).

b) Exaktheit bei $\Omega_m^{<k>,fr}/\mathrm{Bild}\,\bar{J}$:
Die Komposition $\bar{\sigma}\circ\bar{\eta}$ ist trivial, denn $\bar{\sigma}\circ\bar{\eta} = \sigma\circ\eta\circ\partial = 0$.
Umgekehrt sei $[M,g,\bar{g}] \varepsilon\, \Omega_m^{<k>,fr}/\mathrm{Bild}\,\bar{J}$ mit $\bar{\sigma}([M,g,\bar{g}]) = 0$. Das bedeutet, daß die Surgeryinvariante von $(\partial M, \bar{g}_{|\partial M})$ verschwindet, man also ∂M durch gerahmte Surgeries zu einer Homotopiesphäre machen kann. Für M heißt das, daß man durch Ankleben gerahmter Henkel den Rand von M zu einer Homotopiesphäre machen kann. Die so entstehende Mannigfaltigkeit repräsentiert die gleiche Bordismusklasse in $\Omega_m^{<k>,fr}$, denn $(M \cup \mathrm{Henkeln}) \times [0,1]$ läßt sich als Bordismus zwischen M und $M \cup \mathrm{Henkeln}$ interpretieren. Schließlich kann man M durch Surgery im Innern (k-1) - zusammenhängend machen. Also liegt die von M repräsentierte Bordismusklasse im Bild von $\bar{\eta}$.

c) Exaktheit bei $A_m^{<k>}$:
Es sei $(M,\bar{g})$ eine gerahmte, (k-1) - zusammenhängende, fast geschlossene Mannigfaltigkeit der Dimension m mit Surgeryinvariante $p \varepsilon P_m$. Dann kann man $M \times [0,1]$ als Nullbordismus für M auffassen (in der Bordismusgruppe $\Omega_m^{<k>,fr}$), und es folgt $\bar{\eta}\circ\bar{\omega}(p) = \bar{\eta}([M]) = 0$.
Umgekehrt sei $[M] \varepsilon A_m^{<k>}$ mit $\bar{\eta}([M]) = 0$, das heißt: es gibt eine Mannigfaltigkeit W der Dimension m+1 mit $\partial W = M \cup_{\partial M} M'$, zusammen mit einer Abbildung $G:(W,M') \longrightarrow (BO{<}k{>}_r, *)$ und einem Vektorbündelisomorphismus $\bar{G}: \nu(W) \longrightarrow G^*\bar{\gamma}_k^r$. Nach Surgery kann man o.B.d.A. annehmen, daß M' und W (k-1) - zusammenhängend sind. Dann ist W ein Bordismus im Sinne der Bordismusgruppe $A_m^{<k>}$ zwischen M und der gerahmten, (k-1) - zusammenhängenden, fast geschlossenen Mannigfaltigkeit M', die ein Element im Bild von $\bar{\omega}$ repräsentiert.

Q.E.D.

§2 Die Pontrjagin - Thom Konstruktion

In diesem Paragraphen wird gezeigt, daß sich die Bordismusgruppe $\Omega_m^{<k>,fr}$ mittels der Pontrjagin - Thom Konstruktion als Homotopiegruppe interpretieren läßt.

Wir beginnen mit der Beschreibung der Pontrjagin - Thom Konstruktion für Ω_m^{fr}, und verallgemeinern diese dann auf die relative Bordismusgruppe $\Omega_m^{<k>,fr}$. Schließlich wird an den Begriff des Spektrums erinnert, und in Satz 2.8 fassen wir das Ergebnis des Paragraphen zusammen. Ziel dieses Paragraphen ist es in erster Linie, Bezeichnungen einzuführen, und explizit zu beschreiben, wie einer Bordismusklasse eine Homotopieklasse zugeordnet wird. Für die Beweise sei auf [Stong 1] verwiesen.

2.1 Bezeichnungen:

Wir schreiben $T(\alpha)$ für den Thomraum eines Vektorbündels α, definiert durch $T(\alpha) := D(\alpha)/S(\alpha)$, wobei $D(\alpha)$ bzw. $S(\alpha)$ das Scheiben- bzw. Sphärenbündel von α ist.

Mit $T(\overline{g})\colon T(\alpha) \longrightarrow T(\beta)$ gezeichnen wir die von einem Vektorbündelmorphismus $\overline{g}\colon \alpha \to \beta$ induzierte Abbildung. Falls β trivial ist, d.h. $\beta = X \times \mathbb{R}^r$, dann benutzen wir die Notation $T(\overline{g})$ auch für die Komposition

$$T(\alpha) \longrightarrow T(\beta) = X \times D^r/(X \times \partial D^r) \xrightarrow{pr_2} D^r/\partial D^r = S^r .$$

Für eine Einbettung $(M,\partial M) \hookrightarrow (D^{m+r},\partial D^{m+r})$ mit Normalenbündel ν sei

$$t_M\colon (D^{m+r},\partial D^{m+r}) \longrightarrow (T(\nu),T(\nu|_{\partial M}))$$

die <u>Thomabbildung</u>, die eine Tubenumgebung von M diffeomorph auf das offene Scheibenbündel $\mathring{D}(\nu) \subset T(\nu)$ abbildet und das Komplement auf den Basispunkt von $T(\nu)$ projeziert.

2.2 Satz (Pontrjagin):

Für $r > m+1$ gibt es einen Isomorphismus $\Omega_m^{fr} \longrightarrow \pi_{m+r}(S^r)$, induziert von der Zuordnung

$$(M \subset D^{m+r},\overline{g}) \longmapsto (S^{m+r} = D^{m+r}/\partial D^{m+r} \xrightarrow{t_M} T(\nu) \xrightarrow{T(\overline{g})} S^r).$$

Für die relative Bordismusgruppe $\Omega_m^{<k>,fr}$ gibt es eine relative Version der Pontrjagin - Thom Konstruktion:

2.3 Satz:

Für $r > m+1$ gibt es einen Isomorphismus

$$\Omega_m^{<k>,fr} \longrightarrow \pi_{m+r}(T(\bar{\gamma}_k^r)/S^r),$$

der von der Zuordnung

$$((M,\partial M)\subset (D^{m+r},\partial D^{m+r}),g,\bar{g})$$
$$\longmapsto (S^{m+r} \xrightarrow{t_M} T(\nu)/T(\nu_{|\partial M}) \xrightarrow{T(\bar{g})} T(\bar{\gamma}_k^r)/S^r)$$

induziert wird.

Hierbei identifizieren wir S^r via der Einbettung $i_r: S^r = D^r/\partial D^r \to T(\bar{\gamma}_k^r)$, die von der Inklusion der Faser über dem Basispunkt induziert wird, mit einem Unterraum von $T(\bar{\gamma}_k^r)$.

Das folgende Lemma zeigt, daß man die Randabbildung

$$\partial : \Omega_m^{<k>,fr} \longrightarrow \Omega_{m-1}^{fr}$$

homotopietheoretisch interpretieren kann. Dazu sei $\partial_r: T(\bar{\gamma}^r)/S^r \longrightarrow S^{r+1}$ die Randabbildung in der Kofasersequenz

$$S^r \xrightarrow{i_r} T(\bar{\gamma}^r) \longrightarrow T(\bar{\gamma}^r)/S^r \xrightarrow{\partial_r} S^{r+1} \longrightarrow .$$

2.4 Lemma:

Für $r > m+1$ ist folgendes Diagramm kommutativ:

$$\begin{array}{ccc}
\Omega_m^{<k>,fr} & \xrightarrow{\cong} & \pi_{m+r}(T(\gamma_k^r)/S^r) \\
\downarrow \partial & & \downarrow (\partial_r)_* \\
\Omega_{m-1}^{fr} & \xrightarrow{\cong} & \pi_{m-1+r}(S^r) \simeq \pi_{m+r}(S^{r+1})
\end{array}$$

Als nächstes erinnern wir an den Begriff des 'Spektrums':

2.5 Definition:

Ein Spektrum E ist eine Folge $\{(E_r, e_r),\ r \in \mathbb{Z}\}$ punktierter CW-Komplexe E_r und basispunkterhaltender Inklusionen $e_r: SE_r \longrightarrow E_{r+1}$

(SX bezeichnet die reduzierte Suspension eines punktierten Raumes X). Wenn $F=\{F_r, f_r\}$ ein weiteres Spektrum ist, so versteht man unter einer <u>Spektrenabbildung</u> $h: E \longrightarrow F$ eine Folge von punktierten Abbildungen $h_r: E_r \longrightarrow F_r$ (die nur für $r \geqslant r_0$ definiert sein müssen), die mit e_r, f_r verträglich sind in dem Sinne, daß die Diagramme

$$\begin{array}{ccc} SE_r & \xrightarrow{Sh_r} & SF_r \\ {\scriptstyle e_r}\downarrow & & \downarrow{\scriptstyle f_r} \\ E_{r+1} & \xrightarrow{h_{r+1}} & F_{r+1} \end{array}$$

homotopiekommutativ sind für alle $r \geqslant r_0$.[(x)] (Fußnote S. 13)
Für $s \in \mathbb{Z}$ bezeichnet man das Spektrum $S^sE = \{(S^sE)_r, (S^se)_r\}$ mit $(S^sE)_r := E_{r+s}$, $(S^se)_r := e_{r+s}$ als s - te <u>Suspension</u> von E.

2.6 Beispiele:

i) Das <u>Sphärenspektrum</u> $\underline{S}^0 := \{S^r, s_r\}$ ($S^r := *$ für $r<0$), wobei $s_r: SS^r \longrightarrow S^{r+1}$ die übliche Identifikationsabbildung ist. Für die s-te Suspension $S^s\underline{S}^0$ des Sphärenspektrums schreiben wir kurz $\underline{S}^s$, oder auch S^s, wenn aus dem Kontext klar ist, daß von Spektren die Rede ist.

ii) Das <u>Thomspektrum</u> $MO[k] := \{T(\bar{\gamma}_k^r), m_r\}$, wobei $m_r: ST(\bar{\gamma}_k^r) \longrightarrow T(\bar{\gamma}_k^{r+1})$ gegeben ist durch die Komposition der üblichen Identifikation $ST(\bar{\gamma}_k^r) = T(\bar{\gamma}_k^r \oplus \varepsilon)$ mit der Abbildung $T(\bar{\gamma}_k^r \oplus \varepsilon) \longrightarrow T(\bar{\gamma}_k^{r+1})$, die von dem kanonischen Bündelmorphismus $\bar{\gamma}_k^r \oplus \varepsilon \longrightarrow \bar{\gamma}_k^{r+1}$ induziert wird.

iii) Analog erklärt man die Verbindungsabbildungen m_r in dem <u>relativen Thomspektrum</u> $MO[k]/S^0 := \{T(\bar{\gamma}_k^r)/S^r, m_r\}$.

iv) Die Abbildungen $i_r: S^r \longrightarrow T(\bar{\gamma}_k^r)$ bzw. $\partial_r: T(\bar{\gamma}_k^r)/S^r \longrightarrow S^{r+1}$ repräsentieren Spektrenabbildungen $i: S^0 \longrightarrow MO[k]$ bzw. $\partial: MO[k]/S^0 \longrightarrow S^1$.

2.7 Definition:

Die Homotopiegruppen eines Spektrums $E=\{E_r, e_r\}$ definiert man durch

$$\pi_m(E) := \varinjlim_r \pi_{m+r}(E_r).$$

Hierbei wird die Beziehung zwischen $\pi_{m+r}(E_r)$ und $\pi_{m+r+1}(E_{r+1})$ durch die Komposition

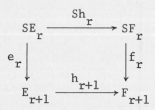

$$\pi_{m+r}(E_r) \xrightarrow{S} \pi_{m+r+1}(SE_r) \xrightarrow{(e_r)_*} \pi_{m+r+1}(E_{r+1})$$

hergestellt.

Falls der Buchstabe E sowohl ein Spektrum als auch einen Raum bezeichnet, wie z.B. für $E = S^0$, dann schreiben wir $\pi_*^s(E)$ für die Homotopiegruppen des Spektrums E. Weiterhin schreiben wir statt $\pi_m^s(S^0)$ auch kurz π_m^s.

Viele bekannte Konstruktionen für Räume lassen sich auf Spektren übertragen, und wir werden ohne weiteren Kommentar von ihnen Gebrauch machen (z.B. Kofasersequenzen, induzierte exakte Sequenzen in Homologie oder Kohomologie, etc.).

In der Sprache der Spektren kann man das Ergebnis dieses Paragraphen so zusammenfassen:

2.8 Satz:

Das folgende Diagramm ist kommutativ, und die horizontalen Abbildungen sind Isomorphismen:

$$\begin{array}{ccc} \Omega_m^{\langle k\rangle,fr} & \xrightarrow{\cong} & \pi_m(MO[k]/S^0) \\ \downarrow \partial & & \downarrow \partial_* \\ \Omega_{m-1}^{fr} & \xrightarrow{\cong} \pi_{m-1}^s(S^0) \simeq & \pi_m^s(S^1) \end{array}$$

(x) Die bessere, aber aufwendigere Definition der Spektrenabbildung findet man z.B. in: R.M. Switzer, Algebraic Topology - Homotopy and Homology. Grundlehren der mathematischen Wissenschaften 212, Springer-Verlag Berlin Heidelberg 1975.

§3 Konstruktion des Spektrums A[k]

Wir werden in (3.6) für $k>2$ eine Spektrenabbildung

$$c\colon MO[k]/S^0 \longrightarrow bo\langle k\rangle$$

konstruieren, sodaß die Komposition

$$\pi_{m-1}(SO) \xrightarrow{\ \bar{J}\ } \Omega_m^{\langle k\rangle,fr} \cong \pi_m(MO[k]/S^0) \xrightarrow{\ c_*\ } \pi_m(bo\langle k\rangle)$$

für $k\leq m$ ein Isomorphismus ist (Lemma 3.7). Die Desuspension der Kofaser von c bezeichnen wir mit A[k], d.h. wir haben eine Kofasersequenz

$$A[k] \xrightarrow{\ b\ } MO[k]/S^0 \xrightarrow{\ c\ } bo\langle k\rangle.$$

3.1 Satz:

Das Spektrum A[k] hat folgende Eigenschaften:

(i) $\pi_m(A[k]) \xrightarrow{\ b_*\ } \pi_m(MO[k]/S^0) \cong \Omega_m^{\langle k\rangle,fr} \xrightarrow{\ pr\ } \Omega_m^{\langle k\rangle,fr}/\mathrm{Bild}\,\bar{J}$

ist ein Isomorphismus für $k\leq m$.

(ii) A[k] ist homotopieäquivalent zu A[k+1] für $k\not\equiv 0,1,2,4 \bmod 8$

(iii) A[k] ist (2k-1) - zusammenhängend

Beweis:

(i) ergibt sich aus 3.7 und dem folgenden Diagramm:

$$\begin{array}{ccccc}
\pi_{m-1}(SO) & \xrightarrow{\ \bar{J}\ } & \Omega_m^{\langle k\rangle,fr} & \xrightarrow{\ pr\ } & \Omega_m^{\langle k\rangle,fr}/\mathrm{Bild}\,\bar{J} \\
 & & \| \wr & & \\
\pi_m(A[k]) & \xrightarrow{\ b_*\ } & \pi_m(MO[k]/S^0) & \xrightarrow{\ c_*\ } & \pi_m(bo\langle k\rangle)
\end{array}$$

Zu (ii): Für $k\not\equiv 0,1,2,4 \bmod 8$ sind die vertikalen Abbildungen in dem kommutativen Diagramm

$$\begin{array}{ccc}
MO[k+1]/S^0 & \xrightarrow{\ c\ } & bo\langle k+1\rangle \\
\downarrow & & \downarrow \\
MO[k]/S^0 & \xrightarrow{\ c\ } & bo\langle k\rangle
\end{array}$$

Homotopieäquivalenzen (vgl. Bemerkung 4.1). Also sind auch A[k+1] und A[k] homotopieäquivalent.

Zu (iii): Diese Eigenschaft folgt aus den Kohomologieberechnungen des nächsten Paragraphen (siehe 4.8 und 4.15).

Q.E.D.

3.2 Definition:

Ein Spektrum $E=\{E_r, e_r\}$ heißt Ω-Spektrum, wenn für alle r die zu $e_r: SE_r \longrightarrow E_{r+1}$ adjungierte Abbildung $e_r': E_r \longrightarrow \Omega E_{r+1}$ eine schwache Homotopieäquivalenz ist.

3.3 Beispiele und Bemerkungen:

i) Es sei π eine abelsche Gruppe. Dann gibt es Homotopieäquivalenzen $e_r': K(\pi,r) \longrightarrow \Omega K(\pi,r+1)$. Das Ω-Spektrum $K\pi := \{K(\pi,r), e_r\}$ ($e_r :=$ Adjungierte zu e_r') bezeichnet man als Eilenberg-MacLane Spektrum.

ii) Für ein Ω-Spektrum $E=\{E_r, e_r\}$ ist die Komposition

$$\pi_{m+r}(E_r) \xrightarrow{S} \pi_{m+r+1}(SE_r) \xrightarrow{(e_r)_*} \pi_{m+r+1}(E_{r+1})$$

ein Isomorphismus, sodaß für $m \geq 0$ gilt

$$\pi_m(E) = \varinjlim_r \pi_{m+r}(E_r) = \pi_m(E_0).$$

Z.B. ergibt sich für das Eilenberg-MacLane Spektrum

$$\pi_m(K\pi) = \begin{cases} \pi & \text{für } m=0 \\ 0 & \text{sonst} \end{cases}$$

iii) Zur Konstruktion eines Ω-Spektrums $E=\{E_r, e_r\}$ reicht es, eine Teilfolge E_{r_i} anzugeben und entsprechende Abbildungen

$$S^{(r_{i+1}-r_i)} E_{r_i} \longrightarrow E_{r_{i+1}},$$

deren Adjungierte schwache Homotopieäquivalenzen sind. Die 'fehlenden Terme' können dann als Schleifenräume konstruiert werden. Eine analoge Bemerkung gilt für Abbildungen in ein Ω-Spektrum.

3.4 Bemerkung:

Wenn X ein (k-1)-zusammenhängender CW-Komplex ist, dann induziert die Projektionsabbildung $p_k: BO\langle k\rangle \longrightarrow BO$ einen Isomorphismus

$$(p_k)_*: [X, BO\langle k\rangle] \longrightarrow [X, BO]$$

(Beweis durch Hindernistheorie). Anders ausgedrückt kann man Homotopieklassen von Abbildungen $f\colon X \longrightarrow BO\langle k\rangle$ als Elemente der reellen K-Theorie von X interpretieren.

3.5 Definition:

Nach Bemerkung 3.4 faktorisiert die Komposition

$$S^8 BO\langle k+8i\rangle \xrightarrow{\ S^8 p\ } S^8 BO \xrightarrow{\ \text{Bottabbildung}\ } BO$$

über eine Abbildung $m_i\colon S^8 BO\langle k+8i\rangle \longrightarrow BO\langle k+8(i+1)\rangle$. Aus dem Bott'schen Periodizitätssatz folgt, daß die adjungierte Abbildung $m_i'\colon BO\langle k+8i\rangle \longrightarrow \Omega^8 BO\langle k+8(i+1)\rangle$ eine schwache Homotopieäquivalenz ist.

Es sei $bo\langle k\rangle$ das Ω-Spektrum, dessen 8i-ter Term $BO\langle k+8i\rangle$ ist, mit den obigen Verbindungsabbildungen.

3.6 Konstruktion der Abbildung $c\colon MO[k]/S^0 \longrightarrow bo\langle k\rangle$:

Zur Konstruktion der Spektrenabbildung c genügt es nach 3.3(iii), Abbildungen $c_{8i}\colon T(\bar{\gamma}^{8i})/S^{8i} \longrightarrow BO\langle k+8i\rangle$ zu definieren, sodaß das folgende Diagram kommutiert:

$$\begin{array}{ccc}
S^8(T(\bar{\gamma}^{8i})/S^{8i}) & \xrightarrow{\ S^8 c_{8i}\ } & S^8 BO\langle k+8i\rangle \\
\| & & \\
T(\bar{\gamma}^{8i}\oplus\varepsilon^8)/S^{8(i+1)} & & \Big\downarrow m_i \\
T(\bar{j}_{8i}) \Big\downarrow & & \\
T(\bar{\gamma}^{8(i+1)})/S^{8(i+1)} & \xrightarrow{\ c_{8(i+1)}\ } & BO\langle k+8(i+1)\rangle
\end{array}$$

($T(\bar{j}_{8i})$ bezeichnet die Thomraumabbildung, die von dem Vektorbündelmorphismus $\bar{j}_{8i}\colon \bar{\gamma}^{8i}\oplus\varepsilon^8 \longrightarrow \bar{\gamma}^{8(i+1)}$ induziert wird, der über der Inklusion $j_{8i}\colon BO\langle k\rangle_{8i} \longrightarrow BO\langle k\rangle_{8(i+1)}$ liegt).

Die Räume $S^8(T(\bar{\gamma}^{8i})/S^{8i})$, $S^8 BO\langle k+8i\rangle$ und $T(\bar{\gamma}^{8(i+1)})/S^{8(i+1)}$ sind $(k+8(i+1)-1)$-zusammenhängend, sodaß man Abbildungen nach $BO\langle k+8(i+1)\rangle$ als Elemente der reduzierten reellen K-Theorie interpretieren kann (siehe Bemerkung 3.4).

Für $k>2$ ist $\bar{\gamma}^{8i}$ ein Vektorbündel mit genau einer Spin-Struktur, und folglich gibt es den (reduzierten) Thomisomorphismus

$$\phi_{\bar{\gamma}} : \widetilde{KO}(BO\langle k\rangle_{8i}) \longrightarrow \widetilde{KO}(T(\bar{\gamma}^{8i})/S^{8i}) .$$

Wir definieren: $c_{8i} := \phi_{\bar{\gamma}}([\bar{\gamma}^{8i}]) \varepsilon \widetilde{KO}(T(\bar{\gamma}^{8i})/S^{8i})$, wobei $[\bar{\gamma}^{8i}]$ das von $\bar{\gamma}^{8i}$ repräsentierte Element in $\widetilde{KO}(BO\langle k\rangle_{8i})$ bezeichnet.

Zur (Homotopie-) Kommutativität des obigen Diagrammes:
Die Komposition $c_{8(i+1)} \circ T(\bar{j}_{8i}) \varepsilon \widetilde{KO}(S^8(T(\bar{\gamma}^{8i})/S^{8i}))$ ist gegeben durch

$$T(\bar{j}_{8i})^* \phi_{\bar{\gamma}}([\bar{\gamma}^{8(i+1)}]) = \phi_{j*\bar{\gamma}}(j_{8i}^*([\bar{\gamma}^{8(i+1)}])) = \phi_{\bar{\gamma}^{8i}\oplus\varepsilon^8}([\bar{\gamma}^{8i}])$$

(folgt aus der Natürlichkeit des Thom - Isomorphismus).
Die Komposition $m_i \circ S^8 c_{8i} \varepsilon \widetilde{KO}(S^8(T(\bar{\gamma}^{8i})/S^{8i}))$ ist das Bild von $\phi_{\bar{\gamma}^{8i}}([\bar{\gamma}^{8i}])$ unter dem Bott - Isomorphismus

$$\widetilde{KO}(T(\bar{\gamma}^{8i})/S^{8i}) \xrightarrow{\cong} \widetilde{KO}(S^8(T(\bar{\gamma}^{8i})/S^{8i})) .$$

Also folgt die Kommutativität des Diagrammes aus der Verträglichkeit von Bott - Periodizität und Thom - Isomorphismus.

<u>3.7 Lemma</u>:

Für $2 < k \leq m$ ist die folgende Komposition ein Isomorphismus:

$$\pi_{m-1}(SO) \xrightarrow{\bar{J}} \Omega_m^{\langle k\rangle, fr} \cong \pi_m(MO[k]/S^0) \xrightarrow{c_*} \pi_m(bo\langle k\rangle) .$$

<u>Beweis</u>:
Wenn $(M^m \subset D^{m+8i}, g, \bar{g})$ eine (k-1) - gerahmte Mannigfaltigkeit mit gerahmtem Rand ist, dann wird $c_*([M,g,\bar{g}])$ durch die Komposition

$$S^{m+8i} \xrightarrow{t_M} T(\nu)/T(\nu|_{\partial M}) \xrightarrow{T(\bar{g})} T(\bar{\gamma})/S^{8i} \xrightarrow{c_{8i}} BO\langle k+8i\rangle$$

repräsentiert. Aus der Definition von c_{8i} folgt, daß

$$t_M^* \phi_\nu([\nu^{8i}/\bar{g}_{|\partial M}]) \varepsilon \widetilde{KO}(S^{m+8i})$$

das dieser Abbildung entsprechende Element der KO - Theorie ist. Hierbei bezeichnet

$$\phi_\nu : \widetilde{KO}(M/\partial M) \longrightarrow \widetilde{KO}(T(\nu)/T(\nu|_{\partial M}))$$

den relativen Thom - Isomorphismus, und wir schreiben $\nu/\bar{g}_{|\partial M} \longrightarrow M/\partial M$ für das Normalenbündel von M, dividiert durch die Trivialisierung $\bar{g}_{|\partial M}$.

Insbesondere erhält man für $M = D^m$ mit der vertwisteten Rahmung $\overline{h}\overline{g}$ des Randes das Element von $\widetilde{KO}(S^{m+8i})$, das $[\overline{h}]$ unter dem Isomorphismus

$$\pi_{m-1}(SO) \cong \widetilde{KO}(S^m) \cong \widetilde{KO}(S^{m+8i})$$

entspricht.

Q.E.D.

§4 Die Kohomologie von $A[k]$

Für die Berechnung der Kohomologie von $BO<k>$ mit $\mathbb{Z}/p$ - Koeffizienten kann man für $p = 2$ auf Ergebnisse von R.Stong, für ungerade Primzahlen auf solche von W.Singer und V.Giambalvo zurückgreifen (siehe [Stong 2], [Singer], [Giambalvo]).
Wir benutzen diese Resultate, um Kern und Kokern der induzierten Abbildung

$$c^*: H^*(bo<k>; \mathbb{Z}/p) \longrightarrow H^*(MO[k]/S^0; \mathbb{Z}/p)$$

zu berechnen (in einem gewissen Dimensionsbereich).
Durch die von der Kofaserung

$$A[k] \longrightarrow MO[k]/S^0 \xrightarrow{\;c\;} bo<k>$$

induzierte kurze exakte Sequenz

$$0 \longleftarrow (\text{Kern}\, c^*)^{q+1} \longleftarrow H^q(A[k]; \mathbb{Z}/p) \longleftarrow (\text{Kokern}\, c^*)^q \longleftarrow 0$$

ist dann $H^*(A[k]; \mathbb{Z}/p)$ als Modul über der Steenrodalgebra bis auf Erweiterungen bestimmt (für einen graduierten Modul M bezeichnen wir mit $(M)^t$ die Elemente der Graduierung t).

4.1 Bemerkung:

Die zusammenhängenden Überlagerungen $X<k>$ eines Raumes X lassen sich induktiv konstruieren:
Es sei $f_k: X<k> \longrightarrow K(\pi_k X,k)$ die Abbildung, deren zugehörige Kohomologieklasse unter dem Isomorphismus $H^k(X<k>;\pi_k X) \cong \text{Hom}(\pi_k X, \pi_k X)$ der Identität entspricht. Dann ist $X<k+1>$ das Pullback der Wegefaserung $P(K(\pi_k X,k)) \longrightarrow K(\pi_k X,k)$:

$$\begin{array}{ccc} K(\pi_k X,k) & \xrightarrow{\;=\;} & K(\pi_k X,k) \\ \downarrow & & \downarrow \\ X<k+1> := f_k^* P(K(\pi_k,k)) & \longrightarrow & P(K(\pi_k X,k)) \\ \downarrow{\scriptstyle q_{k+1}} & & \downarrow \\ X<k> & \xrightarrow{\;f_k\;} & K(\pi_k X,k) \end{array}$$

Es ist leicht nachzurechnen, daß die Projektion

$$p_{k+1}: X<k+1> \xrightarrow{q_{k+1}} X<k> \xrightarrow{q_k} X<k-1> \rightarrow \ldots \rightarrow X$$

die geforderten Eigenschaften (siehe 1.4) besitzt. Es sei bemerkt, daß für $\pi_k X = 0$ die Abbildung $q_{k+1}: X<k+1> \longrightarrow X<k>$ eine Homotopie-Äquivalenz ist. Deshalb genügt es, solche $X<k>$ mit $\pi_k X \neq 0$ zu betrachten.

<u>4.2 Bezeichnungen</u>:

p	eine Primzahl
A (oder A_p)	die mod p - Steenrodalgebra
$I(x)$ für $x \varepsilon H^*(X; \mathbb{Z}/p)$	das Ideal in $H^*(X; \mathbb{Z}/p)$, das von den Elementen ax mit $a \varepsilon A$ erzeugt wird
$\mathbb{Z}_{(p)}$ =	$\left\{\frac{a}{b} \varepsilon \mathbb{Q} \,/\, b \text{ teilerfremd zu } p\right\}$
$X_{(p)}$	Lokalisierung von X bei p
ι_k	der Erzeuger von $H^k(K(\mathbb{Z}/p,k); \mathbb{Z}/p)$ bzw. $H^k(K(\mathbb{Z},k); \mathbb{Z}/p)$
$h(k)$ =	$\#\{s \varepsilon \mathbb{N} \,/\, 0 < s \leq k,\ s \equiv 0,1,2,4 \bmod 8\}$
$\lvert x \rvert$	Grad des Elementes x eines graduierten Moduls
$(M)^t$	Elemente der Graduierung t in einem graduierten Modul M

<u>4.3 Definitionen (vgl. [Steenrod - Epstein, Kap.II,§5])</u>:

Ein Monom von Steenrod - Squares $Sq^{i_1} \ldots Sq^{i_n}$ heißt <u>zulässig</u>, wenn $i_j - 2i_{j+1} \leq 0$ für $j = 1,\ldots,n-1$. Die Summe $(i_1 - 2i_2) + \ldots + (i_{n-1} - 2i_n) + i_n$ $= i_1 - (i_2 + \ldots + i_n)$ bezeichnet man als den <u>Exzess</u> dieses Monoms.

Es sei $E_k := \left\{ a \varepsilon A \,/\, ax = 0 \quad \begin{array}{l} \text{für alle } x \varepsilon H^k(X; \mathbb{Z}/p), \\ \text{alle topologischen Räume } X \end{array} \right\}$

Für $p = 2$ wird E_k von den Monomen $Sq^{i_1} \ldots Sq^{i_n}$ erzeugt, deren Exzess größer als k ist.

Ein A - Modul M heißt <u>instabil</u>, wenn $E_k(M)^k = 0$ für alle k. Insbesondere ist die Kohomologie eines topologischen Raumes ein instabiler A-Modul.

Es sei M ein instabiler A-Modul, T(M) die Tensoralgebra von M, und D(M) das Ideal von T(M), das von den Elementen der Form $x\otimes y-(-1)^{|x||y|}y\otimes x$ und $Sq^{|x|}x-x\otimes x$ (bzw. $P^k x - x^p$ für $p\neq 2$, $|x|=2k$) aufgespannt wird. Man kann zeigen, daß D(M) ein A-Untermodul von T(M) ist (siehe [Steenrod - Epstein, Kap.II, Lemma 5.3] für p=2). Also ist U[M] := T(M)/D(M) eine A-Algebra, die man als die von M erzeugte <u>freie A-Algebra</u> bezeichnet.

<u>Beispiel</u>:

Mit diesen Notationen gilt

$H^*(K(\mathbb{Z}/p,k);\mathbb{Z}/p)\cong U[(A/E_k)\iota_k]$ (siehe [Cartan])

<u>4.4 Satz ([Stong 2])</u>:

Es sei $k\equiv 0,1,2,4$ mod8 und h:= h(k). Dann ist der Homomorphismus

$$f_k^*: H^q(K(\pi_k BO,k);\mathbb{Z}/2)\longrightarrow H^q(BO\langle k\rangle;\mathbb{Z}/2)$$

surjektiv für $q<2^h$, und Kern $f_k^* = I(Q_h\iota_k)$, wobei

$$Q_h := \begin{cases} Sq^2 & \text{für } h\equiv 0,1 \text{ mod}4 \quad (k\equiv 0,1 \text{ mod}8)\\ Sq^3 & \text{für } h\equiv 2 \text{ mod}4 \quad (k\equiv 2 \text{ mod}8)\\ Sq^5 & \text{für } h\equiv 3 \text{ mod}4 \quad (k\equiv 4 \text{ mod}8)\end{cases}$$

<u>4.5 Korollar</u>:

Es sei $k\equiv 0,1,2,4$ mod8 und h:= h(k). Dann gilt:

i) $q_{k+1}^*: \tilde{H}^q(BO\langle k\rangle;\mathbb{Z}/2)\longrightarrow \tilde{H}^q(BO\langle k+1\rangle;\mathbb{Z}/2)$ ist die Nullabbildung für $q<2^h$

ii) $H^*(BO\langle k\rangle;\mathbb{Z}/2) = U[(A/_{U_k+E_k})i_k]$ für $*<2^h$. Hierbei ist $i_k := f_k^*\iota_k \in H^k(BO\langle k\rangle;\mathbb{Z}/2)$, und $U_k\subset A$ wird definiert durch

$$U_k := \begin{cases} AQ_h & \text{für } k\equiv 1,2 \text{ mod } 8\\ AQ_h + ASq^1 & \text{für } k\equiv 0,4 \text{ mod } 8\end{cases}$$

iii) $H^*(bo\langle k\rangle;\mathbb{Z}/2) = (A/U_k)j_k$ mit $j_k\in H^k(bo\langle k\rangle;\mathbb{Z}/2)$

iv) $\phi(ax) = a\phi(x)$ für $x\in H^*(BO\langle k\rangle;\mathbb{Z}/2)$, $a\in A$ mit $|a|<2^{h-1}$, wobei $\phi: \tilde{H}^*(BO\langle k\rangle;\mathbb{Z}/2)\longrightarrow \tilde{H}^*(MO[k]/S^0;\mathbb{Z}/2)$ der reduzierte Thom-Isomorphismus ist.

Beweis:

i) folgt aus der Surjektivität von f_k^* und der Tatsache, daß die Komposition $f_k \circ q_{k+1}$ über den zusammenziehbaren Raum $P(K(\pi_k BO,k))$ faktorisiert.

ii) Aus Satz 4.4 folgt, daß die Abbildung

$$f_k^*: H^*(K(\pi_k BO,k);\mathbb{Z}/2)\,/\,I(Q_h\iota_k) \longrightarrow H^*(BO\langle k\rangle;\mathbb{Z}/2)$$

für $* < 2^h$ ein Isomorphismus ist. Nun gilt $\pi_k BO \cong \mathbb{Z}$ für $k \equiv 0,4 \bmod 8$ und $\pi_k BO \cong \mathbb{Z}/2$ für $k \equiv 1,2 \bmod 8$. Die Kohomologie der Eilenberg-MacLane Räume $K(\mathbb{Z},k)$ und $K(\mathbb{Z}/2,k)$ ist bekannt ([Cartan]):

$$H^*(K(\pi_k,k);\mathbb{Z}/2) \cong \begin{cases} U[(A/E_k)\iota_k] & \text{für } k \equiv 1,2 \bmod 8 \\ U[(A/_{ASq^1+E_k})\iota_k] & \text{für } k \equiv 0,4 \bmod 8 \end{cases}$$

Diese Isomorphismen induzieren Isomorphismen

$$H^*(K(\pi_k,k);\mathbb{Z}/2)\,/\,I(Q_h\iota_k) \cong \begin{cases} U[(A/_{AQ_h+E_k})\iota_k] & \text{für } k \equiv 1,2 \bmod 8 \\ U[(A/_{AQ_h+ASq^1+E_k})\iota_k] & \text{für } k \equiv 0,4 \bmod 8 \end{cases}$$

Daraus folgt die Behauptung.

iii) $H^q(bo\langle k\rangle;\mathbb{Z}/2) = \varprojlim_n H^{q+8n}(BO\langle k+8n\rangle;\mathbb{Z}/2) =$

$$\varprojlim_n (U[A/_{U_{k+8n}+E_{k+8n}})i_{k+8n}])^{q+8n}$$

Das Element $i_{k+8n} \in H^{k+8n}(BO\langle k+8n\rangle;\mathbb{Z}/2)$ ist Kronecker-dual zu dem Bild des Erzeugers von $\pi_{k+8n}BO\langle k+8n\rangle$ unter dem Hurewicz-Homomorphismus. Deshalb folgt aus der Bott-Periodizität, daß i_{k+8n} unter dem Verbindungshomomorphismus auf $i_{k+8(n+1)}$ abgebildet wird. Für $8n \geq q-2k$ gilt:

$$(U[(A/_{U_{k+8n}+E_{k+8n}})i_{k+8n}])^{q+8n} = ((A/_{U_{k+8n}+E_{k+8n}})i_{k+8n})^{q+8n}$$
$$= ((A/U_k)i_{k+8n})^{q+8n},$$

denn in der Dimension $q+8n$ gibt es keine Produkte (das Produkt kleinster Dimension ist $(i_{k+8n})^2$), und keine Elemente in $E_{k+8n}i_{k+8n}$ (das Element kleinster Dimension in E_{k+8n} ist Sq^{k+8n+1}).

Also ist die Folge der $\mathbb{Z}/2$-Vektorräume $H^{q+8n}(BO\langle k+8n\rangle;\mathbb{Z}/2)$ stationär für $8n \geq q-2k$, und es folgt die Behauptung.

iv) Der reduzierte Thom-Isomorphismus wird von dem Thom-Isomorphismus

$$\phi_r: H^*(BO\langle k\rangle_r; \mathbb{Z}/2) \longrightarrow \tilde{H}^{*+r}(T(\bar{\gamma}^r); \mathbb{Z}/2)$$
$$x \longmapsto p^* x \cup U \qquad \text{induziert.}$$

Hierbei ist $p: \bar{\gamma}^r \longrightarrow BO\langle k\rangle_r$ die Projektion, und $U \in H^r(T(\bar{\gamma}^r); \mathbb{Z}/2)$ die Thom-Klasse. Es gilt:

$$Sq^i\phi_r(x) = Sq^i(p^*x \cup U) = \sum_{t+s=i} p^*(Sq^t x)\cup(Sq^s U) =$$

$$\sum_{t+s=i} p^*(Sq^t x) \cup p^*(w_s(\bar{\gamma}^r)) \cup U = p^*(Sq^i x) \cup U = \phi_r(Sq^i x)$$

für $i < 2^{h-1}$, denn die Stiefel-Whitney Klassen $w_s(\bar{\gamma}^r)$ liegen im Bild des Homomorphismus $p_k^*: H^s(BO; \mathbb{Z}/2) \longrightarrow H^s(BO\langle k\rangle; \mathbb{Z}/2)$, der nach 4.5(i) für $s < 2^{h-1}$ trivial ist.

Q.E.D.

<u>4.6 Lemma</u>:

Es sei $k \equiv 0,1,2,4 \bmod 8$ und $h := h(k)$. Dann gilt:

i) $\phi^{-1} \circ c^*(j_k) = i_k$

ii) $\phi^{-1} \circ c^*(ax) = a\phi^{-1} \circ c^*(x)$ für $x \in H^*(bo\langle k\rangle; \mathbb{Z}/2)$, $a \in A$, $|a| < 2^{h-1}$

<u>Beweis</u>:

Zu (i): Nach Lemma 3.7 liegt das erzeugende Element von $\pi_k(bo\langle k\rangle)$ im Bild von $c_*: \pi_k(MO[k]/S^0) \longrightarrow \pi_k(bo\langle k\rangle)$. Also gilt die analoge Aussage für die Homologie, und durch Dualisieren folgt die Behauptung.

Zu (ii): Diese Aussage ist ein Korollar zu 4.5(iv).

Q.E.D.

<u>4.7 Korollar</u>:

Bis zur Dimension $2^{h(k)-1}$ gilt:

i) Kern $\phi^{-1} \circ c^* \cong (U_k + E_k / U_k) j_k \subset (A/U_k) j_k$

ii) Bild $\phi^{-1} \circ c^* \cong (A/_{U_k+E_k}) i_k \subset U[(A/_{U_k+E_k}) i_k]$

<u>Beweis</u>:

Aus Lemma 4.6 folgt, daß sich die Abbildung

$$\begin{array}{ccc} \phi^{-1}\circ c^*: H^*(bo\langle k\rangle;\mathbb{Z}/2) & \longrightarrow & H^*(BO\langle k\rangle;\mathbb{Z}/2) \\ \cong & & \cong \\ (A/U_k)j_k & & U[(A/_{U_k+E_k})i_k] \end{array}$$

bis zur Dimension $2^{h-1}+k$ darstellen läßt als die Komposition der Projektion

$$\begin{array}{ccc} (A/U_k)j_k & \longrightarrow & (A/_{U_k+E_k})i_k \\ aj_k & \longmapsto & ai_k \end{array}$$

mit der offensichtlichen Inklusion

$$(A/_{U_k+E_k})i_k \longrightarrow U[(A/_{U_k+E_k})i_k]$$

Daraus folgt die Behauptung.

Q.E.D.

4.8 Satz:

Es seien $a_1, a_2, \ldots$ Elemente von A, deren Projektionen $[a_1]$, $[a_2], \ldots$ ε A/U_k eine $\mathbb{Z}/2$ - Basis von A/U_k bilden. Dann gilt:

i) Die Elemente $Sq^{k+|a_r|+t+1}\ a_r j_k$ mit $t \geq 0$, $2|a_r|+t = d$ bilden eine $\mathbb{Z}/2$ - Basis von $(\mathrm{Kern}\, c^*)^{2k+d+1}$ für $d \leq k-2$, $d < 2^{h(k)-1} - k$.

ii) Die Elemente $\phi((a_r i_k)(a_s i_k))$ mit $r \neq s$, $|a_r|+|a_s| = d$ bilden eine $\mathbb{Z}/2$ - Basis von $(\mathrm{Kokern}\, c^*)^{2k+d}$ für $d \leq k-1$, $d < 2^{h(k)-1} - k$.

Ehe wir Satz 4.8 beweisen, sei auf eine interessante Folgerung dieses Satzes hingewiesen:

4.9 Bemerkung:

Es sei X ein CW - Komplex, und $S^\infty \times_{\mathbb{Z}/2} X \wedge X$ der Orbitraum der $\mathbb{Z}/2$ - Operation auf $S^\infty \times X \wedge X$, wobei $\mathbb{Z}/2$ auf S^∞ durch Multiplikation mit -1, auf $X \wedge X$ durch Vertauschen operiert. Den Quotientenraum $S^\infty \times_{\mathbb{Z}/2} X \wedge X \,/\, S^\infty \times_{\mathbb{Z}/2} * \wedge *$ bezeichnet man als die quadratische Konstruktion von X und benutzt dafür das Symbol D_2X.
Die Kohomologie von D_2X kann man in Termen der Kohomologie von X beschreiben (siehe z.B. [Milgram, §3]):
Für $x \in H^i(X;\mathbb{Z}/2)$, $y \in H^j(X;\mathbb{Z}/2)$ gibt es Elemente

$$\langle x,y\rangle \in H^{i+j}(D_2X;\mathbb{Z}/2) \quad \text{und}$$

$$e^t \cup (x \otimes x) \in H^{t+2i}(D_2X; \mathbb{Z}/2), \ t \geq 0,$$

sodaß gilt: Wenn $x_1, x_2, \ldots$ eine $\mathbb{Z}/2$ - Basis von $H^*(X; \mathbb{Z}/2)$ ist, dann bilden die Elemente

$$\langle x_i, x_j \rangle \text{ mit } i \neq j$$

$$\text{und } e^t \cup (x_i \otimes x_i) \text{ mit } t \geq 0$$

eine $\mathbb{Z}/2$ - Basis von $H^*(D_2X; \mathbb{Z}/2)$.
Auch die Operation der Steenrodalgebra auf diesen Elementen läßt sich ausdrücken in Termen der Operation von A auf $H^*(X; \mathbb{Z}/2)$ ([Milgram, Thm.3.7]). Insbesondere ist der von den Elementen $\langle x,y \rangle$ aufgespannte Unterraum ein A - Untermodul, den wir mit U bezeichnen.

Aus Satz 4.8 und einer einfachen Rechnung folgt, daß für $k \geq 9$ die folgenden Abbildungen bis zur Dimension 3k-2 A - Modul - Isomorphismen sind:

$$H^*(D_2BO\langle k \rangle; \mathbb{Z}/2)/U \longrightarrow S^{-1}(\mathrm{Kern}\, c^*)$$
$$e^t \cup (ai_k \otimes ai_k) \longmapsto Sq^{k+|a|+t+1} ai_k$$

$$\mathrm{Kokern}\, c^* \longrightarrow U$$
$$\phi((ai_k)(bi_k)) \longmapsto \langle ai_k, bi_k \rangle \qquad \text{für } a,b \in A.$$

Also hat man in diesem Dimensionsbereich eine exakte Sequenz

$$0 \longrightarrow \mathrm{Kokern}\, c^* \longrightarrow H^*(D_2BO\langle k \rangle; \mathbb{Z}/2) \longrightarrow S^{-1}(\mathrm{Kern}\, c^*) \longrightarrow 0,$$

und es stellt sich die Frage, ob diese Erweiterung mit der Erweiterung

$$0 \longrightarrow \mathrm{Kokern}\, c^* \longrightarrow H^*(A[k]; \mathbb{Z}/2) \longrightarrow S^{-1}(\mathrm{Kern}\, c^*) \longrightarrow 0$$

übereinstimmt.

Beweis von Satz 4.8:
ii) folgt aus 4.7(ii), denn wegen $d \leq k-1$ gibt es im betrachteten Dimensionsbereich keine drei- oder mehrfachen Produkte, und $(A/(U_k+E_k))^q = (A/U_k)^q$ für $q \leq d$.
Zu (i): E_k wird von den zulässigen Monomen Sq^I erzeugt mit Exzess(I) = $i_1 - (i_2+\ldots+i_n) \geq k+1$, d.h. $i_1 = k+(i_2+\ldots+i_n)+t+1$ mit $t \geq 0$.

Deshalb wird $(U_k+E_k)/U_k$ von den Elementen $Sq^{k+|a_r|+t+1}\,a_r$ erzeugt.

Um ihre lineare Unabhängigkeit zu zeigen, benutzen wir Toda's exaktes Rechteck [Toda]:

$$\begin{array}{ccc} A/ASq^1 & \xleftarrow{\;R(Sq^2)\;} & A \\ R(Sq^5)\big\downarrow & & \big\uparrow R(Sq^2) \\ A/ASq^1 & \xrightarrow{\;R(Sq^3)\;} & A \end{array}$$

Hierbei steht $R(Sq^i)$ für die Rechtsmultiplikation mit Sq^i. Aus der Exaktheit des Rechtecks folgt, daß die Homomophismen

$$A/U_k \xrightarrow{\;R(Q_{h(k)-1})\;} A/ASq^1 \qquad \text{für } k\equiv 0,1 \bmod 8$$

$$A/U_k \xrightarrow{\;R(Q_{h(k)-1})\;} A \qquad \text{für } k\equiv 2,4 \bmod 8$$

injektiv sind. Also gilt:

$$Sq^{k+|a_r|+t+1}\,a_r j_k \,\varepsilon\, \mathrm{Kern}\, c^* \qquad \text{linear unabhängig}$$

$$\Leftrightarrow\; Sq^{k+|a_r|+t+1}\,a_r \,\varepsilon\, A/U_k \qquad \text{linear unabhängig}$$

$$\Leftrightarrow\; Sq^{k+|a_r|+t+1}\,a_r Q_{h(k)-1} \,\varepsilon\, A \text{ (bzw. } A/ASq^1) \qquad \text{linear unabhängig}$$

$$\underset{(*)}{\Leftrightarrow}\; a_r Q_{h(k)-1} \,\varepsilon\, A \text{ (bzw. } A/ASq^1) \qquad \text{linear unabhängig}$$

$$\Leftrightarrow\; [a_r] \,\varepsilon\, A/U_k \qquad \text{liear unabhängig}$$

Nach Voraussetzung sind die Elemente $[a_r]\,\varepsilon\, A/U_k$ linear unabhängig. Damit ist der Satz bewiesen bis auf den Beweis der Äquivalenz (*), die sich aus dem folgenden Hilfssatz ergibt:

<u>Hilfssatz</u>:

Die durch die Linksmultiplikation mit $Sq^{k+|a_r|+t+1}$ definierten Homomorphismen

$$L: (A/ASq^1)^{|a_r|+|Q_{h(k)-1}|} \longrightarrow A/ASq^1$$

$$L: (A)^{|a_r|+|Q_{h(k)-1}|} \longrightarrow A$$

sind injektiv.

<u>Beweis</u>:

Die zulässigen Monome $Sq^{i_1}\ldots Sq^{i_n}$ mit $i_1+\ldots+i_n = |a_r| + |Q_{h(k)-1}|$ bilden eine Basis von $(A)^{|a_r|+|Q_{h-1}|}$, solche mit $i_n \neq 1$ eine Basis von $(A/Sq^1)^{|a_r|+|Q_{h-1}|}$. Durch Linksmultiplikation mit $Sq^{k+|a_r|+t+1}$ werden diese zulässigen Monome wieder auf zulässige abgebildet, denn:

$$0 \leq d \leq 2^{h-1}-k \Rightarrow k \geq 9 \Rightarrow 4|Q_{h-1}| \leq k+4 \Leftrightarrow k-2 \leq 2k+2-4|Q_{h-1}|$$

$$\Rightarrow 2|a_r|+t = d \leq 2k+2-4|Q_{h-1}|$$

$$\Rightarrow 4|a_r|+4|Q_{h-1}| \leq 2k+2+2|a_r|-t \leq 2k+2+2|a_r|+2t$$

$$\Rightarrow 2i_1 \leq 2(i_1+\ldots+i_n) = 2(|a_r|+|Q_{h-1}|) \leq k+1+|a_r|+t$$

$$\Leftrightarrow Sq^{k+1+|a_r|+t}\, Sq^{i_1}\ldots Sq^{i_n} \text{ ist zulässig.}$$

Q.E.D.

Um das Ergebnis von 4.8 explizit zu machen, benötigt man Elemente $a_1, a_2, \ldots \in A$, deren Projektionen $[a_1], [a_2], \ldots \in A/U_k$ eine $\mathbb{Z}/2$ - Basis bilden.

4.10 Lemma:

Es sei $k \equiv 0,1,2$ oder $4 \bmod 8$. Dann bilden die Projektionen der folgenden Elemente von A eine Basis von $(A/U_k)^q$:

k mod 8 \ q	1	2	3	4	5	6	7
0	Sq^1			Sq^4		Sq^6	Sq^7
1	Sq^1		Sq^2Sq^1	Sq^4	Sq^5	Sq^6	Sq^7 Sq^6Sq^1 $Sq^4Sq^2Sq^1$
2	Sq^1	Sq^2	Sq^2Sq^1	Sq^4 Sq^3Sq^1	Sq^5	Sq^6 Sq^4Sq^2	Sq^7 Sq^6Sq^1 $Sq^4Sq^2Sq^1$
4		Sq^2	Sq^3	Sq^4	Sq	Sq^6	Sq^7 Sq^5Sq^2

Beweis:

Durch Rechnen mit Adem - Relationen zeigt man, daß die übrigen zulässigen Monome Sq^I sich in A/U_k schon als Linearkombination der angegebenen

Monome schreiben lassen. Zum Nachweis ihrer linearen Unabhängigkeit bedient man sich, wie im Beweis von 4.8 der Injektionen

$$A/U_k \xrightarrow{R(Q_{h-1})} A/ASq^1 \qquad \text{für } k \equiv 0,1 \bmod 8 \quad (h:= h(k))$$

und

$$A/U_k \xrightarrow{R(Q_{h-1})} A \qquad \text{für } k \equiv 2,4 \bmod 8$$

Q.E.D.

Für ungerade Primzahlen empfielt es sich, die folgende Aufspaltung der Lokalisierung $BO_{(p)}$ zu benutzen:

4.11 Satz ([Adams 3]):

Es sei p eine ungerade Primzahl. Dann gibt es eine Homotopieäquivalenz

$$BO_{(p)} \sim W_0 \times W_2 \times \dots \times W_{p-3} \, ,$$

wobei die W_i's Räume sind mit

$$\pi_q(W_i) = \begin{cases} \mathbb{Z}_{(p)} & \text{für } q=2j \text{ mit } j>0 \text{ und } j \equiv i \bmod (p-1) \\ 0 & \text{sonst} \end{cases}$$

Diese Aufspaltung ist mit der Bott - Periodizität verträglich in dem Sinne, daß die (p-1) - fache Iteration der Bottabbildung $BO_{(p)} \longrightarrow \Omega^{8(p-1)}BO_{(p)}$ von einer Homotopieäquivalenz zwischen W_i und der Komponente der Identität von $\Omega^{8(p-1)}W_i$ induziert wird.

Nach Bemerkung 4.1 genügt es, die Räume $BO\langle k\rangle_{(p)}$ für $k \equiv 0 \bmod 4$ zu studieren. Also sei $k = 2s$ und $s = m(p-1) + j$ mit $0 \leq j < p-1$, j gerade. Die Aufspaltung von $BO_{(p)}$ induziert eine Aufspaltung der zusammenhängenden Überlagerung:

$$(*) \qquad \begin{aligned} BO\langle k\rangle_{(p)} &\sim W_0\langle k\rangle \times \dots \times W_{p-3}\langle k\rangle \\ &= W_j\langle k\rangle \times W_{j+2}\langle k+4\rangle \times \dots \times W_{j+p-3}\langle k+2(p-3)\rangle \end{aligned}$$

Hierbei setzt man $W_i := W_{i'}$, für $i = n(p-1) + i'$, $0 \leq i' < p-1$.

4.12 Satz ([Singer, 4.10,4.11,9.8]):

Es sei p eine ungerade Primzahl, und $k = 2s$ mit $s = m(p-1) + j$, $0 \leq j < p-1$, j gerade. Dann ist der Homomorphismus

$$f_k^*: H^q(K(\mathbb{Z}_{(p)},k);\mathbb{Z}/p) \longrightarrow H^q(W_j\langle k\rangle;\mathbb{Z}/p)$$

surjektiv für $q < 2(j+1)p^m$, und Kern $f_k^* = I(\beta P^1 \iota_k)$.

Dieser Satz folgt aus den Aussagen 4.10, 4.11 und 9.8 von Singer, denn $(j+1)p^m = \min\{i \in \mathbb{N} \,/\, \sigma_p(i-1) \geq s\}$, wobei $\sigma_p(i-1)$ die p - adische Quersumme von i-1 bezeichnet.

<u>4.13 Korollar</u>:

i) $H^*(W_j\langle k\rangle;\mathbb{Z}/p) \cong U[(A/_{U+E_k})i_k]$ für $* < 2(j+1)p^m$

Hierbei ist $i_k := f_k^* \iota_k \in H^k(W_j\langle k\rangle;\mathbb{Z}/p)$, und $U := A\beta P^1 \subset A$.

ii) $$H^*(BO\langle k\rangle;\mathbb{Z}/p) \cong U\Big[\sum_{\substack{i=0\\ i\equiv 0(2)}}^{p-3} (A/_{U+E_{k+2i}})i_{k+2i}\Big] \quad \text{für } * < 2(j+1)p^m$$

iii) $$H^*(bo\langle k\rangle;\mathbb{Z}/p) \cong \sum_{\substack{i=0\\ i\equiv 0(2)}}^{p-3} (A/U)j_{k+2i}, \quad j_{k+2i} \in H^{k+2i}(bo\langle k\rangle;\mathbb{Z}/p)$$

<u>Beweis</u>:

Der Beweis von (i) ist analog zum Beweis von 4.5ii), (ii) folgt aus (i) und der Aufspaltung (*). Der Beweis von (iii) ist analog zum Beweis von 4.5 iii), weil die (p-1) - fache Iteration der Bott - Abbildung von einer Abbildung $W_i \longrightarrow \Omega^{8(p-1)}W_i$ induziert wird.

Q.E.D.

<u>4.14 Lemma</u>:

Es sei p eine ungerade Primzahl, und $k = 2s$ mit $s = m(p-1) + j$, $0 \leq j < p-1$, j gerade. $Z \subset H^*(BO\langle k\rangle;\mathbb{Z}/p)$ sei die Menge der zerlegbaren Elemente dieser Algebra. Dann gilt:

i) $\phi^{-1} \circ c^*(j_{k+2i}) \equiv i_{k+2i} \mod Z$ für $i = 0,2,\dots,p-3$

ii) $\phi^{-1} \circ c^*(ax) \equiv a\phi^{-1} \circ c^*(x) \mod Z$ für $a \in A$, $x \in H^*(bo\langle k\rangle;\mathbb{Z}/p)$

Beweis:

Zu i): Das folgende Diagramm, wobei p und P die offensichtlichen Projektionen bezeichnen, ist kommutativ:

$$\begin{array}{ccc} H^{k+2i}(bo\langle k\rangle) & \xrightarrow{\phi^{-1}\circ c_k^*} & H^{k+2i}(BO\langle k\rangle) \\ \downarrow p^* & & \downarrow P^* \\ H^{k+2i}(bo\langle k+2i\rangle) & \xrightarrow{\phi^{-1}\circ c_{k+2i}^*} & H^{k+2i}(BO\langle k+2i\rangle) \end{array}$$

(Kohomologie mit $\mathbb{Z}/p$ - Koeffizienten; der Index an der Abbildung c dient der Unterscheidung zwischen $c_k\colon MO[k]/S^0 \longrightarrow bo\langle k\rangle$ und $c_{k+2i}\colon MO[k+2i]/S^0 \longrightarrow bo\langle k+2i\rangle$).
Wie im Beweis von 4.6 i) zeigt man $\phi^{-1}\circ c_{k+2i}^*(j_{k+2i}) = i_{k+2i}$. Aus der Aufspaltung (*) ergibt sich

$$p^*(j_{k+2i}) = j_{k+2i} \qquad P^*(i_{k+2i}) = i_{k+2i} \quad .$$

Daraus folgt: $\phi^{-1}\circ c_k^*(j_{k+2i}) \equiv i_{k+2i}$ mod Kern P^*. Aus Dimensionsgründen gilt Kern $P^* \subset Z$, womit die Behauptung i) bewiesen ist.
Zu ii): Wie im Beweis von 4.5 iv) zeigt man

$$a\phi(y) \equiv \phi(ay) \bmod \phi(Z) \qquad \text{für } y \in H^*(BO\langle k\rangle; \mathbb{Z}/p).$$

Daraus folgt $\phi^{-1}(ax) \equiv a\phi^{-1}(x) \bmod Z$ für $x \in H^*(MO[k]/S^0; \mathbb{Z}/p)$ und damit die Behauptung, denn c^* ist A-linear.

Q.E.D.

4.15 Korollar:

Es sei p eine ungerade Primzahl, $k = 2s$ mit $s = m(p-1) + j$, $0 \le j < p-1$, j gerade, und $q < 2(j+1)p^m$. Dann gilt:

i) $(\text{Kern } \phi^{-1}\circ c^*)^q = 0 \qquad$ für $q < pk$

ii)

$$(\text{Kokern } \phi^{-1}\circ c^*)^q = \begin{cases} \langle i_k^{\,2}\rangle & \text{für } q=2k \\ \langle i_k i_{k+4}\rangle & \text{für } q=2k+4,\ p\neq 3 \\ \langle i_k i_{k+4}, i_k P^1 i_k\rangle & \text{für } q=2k+4,\ p=3 \\ 0 & \text{für } q<2k+8,\ q\neq 2k, 2k+4 \end{cases}$$

Beweis:

Die Komposition von

$$\phi^{-1}\circ c^*:\ \sum_{\substack{i=0\\ i\equiv 0(2)}}^{p-3} (A/U)j_{k+2i} \longrightarrow U\left[\sum_{\substack{i=0\\ i\equiv 0(2)}}^{p-3} (A/_{U+E_{k+2i}})i_{k+2i}\right]$$

mit der Projektion auf die Unzerlegbaren

$$\mathrm{pr}:\ U\left[\sum_{\substack{i=0\\ i\equiv 0(2)}}^{p-3} (A/_{U+E_{k+2i}})i_{k+2i}\right] \to U\left[\sum_{\substack{i=0\\ i\equiv 0(2)}}^{p-3} (A/_{U+E_{k+2i}})i_{k+2i}\right]/Z$$

ist ein Isomorphismus in Dimensionen kleiner als pk, denn das Element kleinsten Grades in

$$(A/_{U+E_{k+2i}})i_{k+2i} \subset U\left[\sum_{\substack{i=0\\ i\equiv 0(2)}}^{p-3} (A/_{U+E_{k+2i}})i_{k+2i}\right],$$

das in Z liegt, ist das Element $P^s i_k = i_k{}^p$ in Graduierung pk. Daraus folgt $(\mathrm{Kern}\ \phi^{-1}\circ c^*)^q = 0$ und $(\mathrm{Kokern}\ \phi^{-1}\circ c^*)^q = Z^q$ für $q < pk$.

Die unter (ii) angegebenen Elemente bilden eine $\mathbb{Z}/p$ - Basis von Z^q für $q < 2k+8$.

Q.E.D.

§5 Die Adams - Spektralsequenz

In diesem Paragraphen wird die von Adams eingeführte Spektralsequenz einschließlich ihrer multiplikativen Eigenschaften beschrieben. Literatur: [Adams 1,2],[Baas].

(5.1) Es sei X ein Spektrum mit nach unten beschränkten Homotopiegruppen (d.h. es gibt ein $k \in \mathbb{Z}$ mit $\pi_q(X) = 0$ für $q < k$). Ferner seien die Kohomologiegruppen $H^q(X; \mathbb{Z})$ endlich erzeugt für alle $q \in \mathbb{Z}$. Eine <u>$\mathbb{Z}/p$ - Adamsauflösung</u> von X ist ein Diagramm von Spektren

$$\begin{array}{ccccccccc} X = X_0 & \xleftarrow{c_0} & & X_1 & \xleftarrow{c_1} & & X_2 & & \\ & \searrow^{a_0} & \nearrow_{b_0} & & \searrow^{a_1} & \nearrow_{b_1} & & & \cdots \\ & & K_0 & & & K_1 & & & \end{array}$$

mit folgenden Eigenschaften:

i) $$\begin{array}{ccc} X_s & \xleftarrow{c_s} & X_{s+1} \\ & {}_{a_s}\searrow \quad \nearrow_{b_s} & \\ & K_s & \end{array}$$ ist ein Kofaserdreieck, wobei c_s den Grad -1 hat, d.h.: c_s ist eine Abbildung von X_{s+1} in die Suspension SX_s, sodaß die folgende Sequenz eine Kofasersequenz ist:

$$X_s \xrightarrow{a_s} K_s \xrightarrow{b_s} X_{s+1} \xrightarrow{c_s} SX_s \xrightarrow{Sa_s} \cdots$$

ii) Die Spektren K_s sind verallgemeinerte Eilenberg - MacLane Spektren, d.h. K_s ist eine endliche Einpunktvereinigung von Suspensionen des Spektrums $K\mathbb{Z}/p$ (siehe 3.3 i)).

iii) Die induzierten Abbildungen

$$a_s^*: H^*(K_s; \mathbb{Z}/p) \longrightarrow H^*(X_s; \mathbb{Z}/p)$$

sind surjektiv.

Eine Adamsauflösung von X induziert eine absteigende Filtrierung

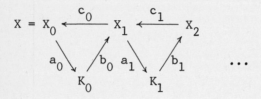

$\pi_q(X) = F^{0,q} \supset F^{1,q+1} \supset \ldots \supset F^{s,q+s} \supset \ldots$, definiert durch $F^{s,q+s} :=$ Bild$((c_0 \circ \ldots \circ c_{s-1})_*: \pi_{q+s}(X_s) \longrightarrow \pi_q(X))$, die man als Adams - Filtrierung bezeichnet.

Wenn man auf eine Adamsauflösung den Homotopiefunktor anwendet, induzieren die Kofaserdreiecke ein exaktes Paar im Sinne von Massey. Die zugehörige Spektralsequenz $(E_r^{s,t}(X), d_r)$ heißt Adams - Spektralsequenz. Sie hat folgende Eigenschaften:

(5.2) i) Das Differential $d_r: E_r^{*,*}(X) \longrightarrow E_r^{*,*}(X)$ hat den Bigrad $(r,r-1)$.

ii) $E_2^{s,t}(X) \cong \mathrm{Ext}_A^{s,t}(H^*(X; \mathbb{Z}/p), \mathbb{Z}/p)$ (diese Ext - Gruppen werden in 6.4 definiert)

iii) $E_\infty^{s,t}(X) \cong F^{s,t}/F^{s+1,t+1}$

iv) $\bigcap_{s \geqslant 0} F^{s,s+r} \subset \pi_r(X)$ ist die Untergruppe der Elemente, deren Ordnung prim zu p ist.

v) Die Spektralsequenz ist natürlich, d.h. eine Abbildung $f: X \longrightarrow Y$ induziert eine Familie von Abbildungen $f_r: E_r^{*,*}(X) \longrightarrow E_r^{*,*}(Y)$, die mit den Differentialen verträglich sind. Weiterhin wird f_∞ von der Abbildung $f_*: \pi_*(X) \longrightarrow \pi_*(Y)$ induziert, und f_2 von dem Homomorphismus $f^*: H^*(Y; \mathbb{Z}/p) \longrightarrow H^*(X; \mathbb{Z}/p)$. (Wie f^* einen Homomorphismus

$$f_2: \mathrm{Ext}_A^{s,t}(H^*(X; \mathbb{Z}/p), \mathbb{Z}/p) \longrightarrow \mathrm{Ext}_A^{s,t}(H^*(Y; \mathbb{Z}/p), \mathbb{Z}/p)$$

induziert, wird in 6.4 beschrieben).

vi) Die Komposition des 'Kantenhomomorphismus'

$$\pi_t(X) = F^{0,t} \longrightarrow F^{0,t}/F^{1,t+1} \cong E_\infty^{0,t}(X) \hookrightarrow E_2^{0,t}(X)$$

mit dem Isomorphismus

$$E_2^{0,t}(X) \cong \mathrm{Ext}_A^{0,t}(H^*(X; \mathbb{Z}/p), \mathbb{Z}/p) \cong \mathrm{Hom}_A^t(H^*(X; \mathbb{Z}/p), \mathbb{Z}/p)$$

ordnet einer stabilen Abbildung $f: S^t \longrightarrow X$ die induzierte Abbildung in Kohomologie zu.

Erläuterungen zu vi) :

Die induzierte Abbildung $f^*: H^*(X; \mathbb{Z}/p) \longrightarrow H^*(S^t; \mathbb{Z}/p)$ ist verträglich mit der Operation der Steenrodalgebra A. Man kann f^* deshalb als A-Modulhomomorphismus $f^*: H^*(X; \mathbb{Z}/p) \longrightarrow \mathbb{Z}/p$ vom Grad t auffassen. Der Isomorphismus zwischen $\mathrm{Hom}_A^t(H^*(X; \mathbb{Z}/p), \mathbb{Z}/p)$, der Menge der A-Modulhomomorphismen vom Grad t, und $\mathrm{Ext}_A^{0,t}(H^*(X; \mathbb{Z}/p), \mathbb{Z}/p)$ wird in 6.5 iii) beschrieben.

Zu der Inklusion $E_\infty^{0,t} \hookrightarrow E_2^{0,t}$: Für $s < 0$ verschwindet die Gruppe $\mathrm{Ext}_A^{s,t}(H^*(X; \mathbb{Z}/p), \mathbb{Z}/p)$, und damit auch $E_r^{s,t}$. Deshalb werden die Elemente von $E_r^{0,t}$ nicht von Differentialen getroffen, und man hat Inklusionen

$$E_{r+1}^{0,t} = \mathrm{Kern}(d_r : E_r^{0,t} \longrightarrow E_r^{r,t+r-1}) \hookrightarrow E_r^{0,t} \hookrightarrow E_{r-1}^{0,t} \hookrightarrow \ldots$$

(5.3) Neben den Eigenschaften (5.2) hat die Adams - Spektralsequenz die folgenden <u>multiplikativen Eigenschaften</u>:

Es sei S^0 das Sphärenspektrum. Dann gibt es ein Produkt

$$E_r^{s,t}(S^0) \otimes E_r^{s',t'}(X) \longrightarrow E_r^{s+s',t+t'}(X),$$

sodaß d_r als Derivation operiert, d.h.

$$d_r(xy) = d_r(x)y + (-1)^{s+t} x d_r(y) \quad \text{für } x \in E_r^{s,t}(S^0),\ y \in E_r^{s',t'}(X).$$

Auf dem E_∞ - Term wird dieses Produkt von dem Kompositionsprodukt $\pi_*(S^0) \otimes \pi_*(X) \longrightarrow \pi_*(X)$ induziert. Auf dem E_2 - Term läßt sich dieses Produkt algebraisch definieren (siehe 6.6).

§6 Eine elementare Methode zur Berechnung von Ext - Gruppen

Wie wir in §5 gesehen haben, ist der E_2 - Term der Adams - Spektralsequenz gegeben durch

$$E_2^{s,t}(X) \cong \mathrm{Ext}_A^{s,t}(H^*(X;\mathbb{Z}/p),\mathbb{Z}/p) .$$

In diesem Paragraphen soll nun, nachdem wir diese Ext - Gruppen definiert und einige ihrer Eigenschaften bewiesen haben, gezeigt werden, wie sich $\mathrm{Ext}_A^{s,t}(H^*(X;\mathbb{Z}/p),\mathbb{Z}/p)$ für kleine Werte von t-s leicht berechnen läßt.

6.1 Konventionen und Notationen:

A bezeichne die Steenrodalgebra der mod p - Kohomologieoperationen (siehe z.B. [Steenrod - Epstein]), A^t die Elemente der Graduierung t in A, und I(A) die Summe $\bigoplus_{t>0} A^t$. Entsprechend sei M^t die t-dimensionale Komponente eines graduierten A-Moduls M, wobei alle in dieser Arbeit vorkommenden Moduln stets nach unten beschränkt und lokal endlich sein sollen, d.h. $M^t = 0$ für alle t kleiner als ein $N \in \mathbb{Z}$, und $\dim_{\mathbb{Z}/p} M^t < \infty$ für alle t.
Ferner sei S^rM der graduierte Modul, der aus M durch Gradverschiebung hervorgeht: $(S^rM)^t := M^{t-r}$. Insbesondere gilt $H^*(S^rX;\mathbb{Z}/p) = S^rH^*(X;\mathbb{Z}/p)$. Für ein $a \in A$ sei $|a|$ der Grad dieses Elementes. Ein A-Modul M heißt frei, wenn es Elemente $a_1,\dots,a_m \in M$ gibt, sodaß die offensichtliche Abbildung

$$\bigoplus_{i=1}^{m} Aa_i \longrightarrow M$$

ein Isomorphismus ist.

6.2 Definition:

Ein Kettenkomplex über einem A-Modul M ist eine Folge von A-Moduln und graduierungserhaltenden Modulhomomorphismen

$$0 \longleftarrow M \xleftarrow{e} M_0 \xleftarrow{d} M_1 \xleftarrow{d} M_2 \longleftarrow \dots$$

mit $d \circ d = 0$, $e \circ d = 0$; Notation: $M \xleftarrow{e} \underline{M}$. Wenn die obige Sequenz

exakt ist, bezeichnet man $M \xleftarrow{e} \underline{M}$ als Auflösung von M.
Ein Kettenkomplex über M heißt frei, wenn die Moduln M_s frei sind, und minimal, falls $\mathrm{Kern}(d{:}M_s \longrightarrow M_{s-1}) \subset I(A)M_s$ und $\mathrm{Kern}(e{:}M_0 \longrightarrow M) \subset I(A)M_0$.

Um Ext - Gruppen zu definieren braucht man das folgende Standardlemma der homologischen Algebra (siehe z.B. [MacLane, Thm.6.1]):

6.3 Lemma:

Es sei $\leftarrow M_{r-1} \xleftarrow{d} M_r \xleftarrow{d} M_{r+1} \leftarrow$ ein Kettenkomplex mit M_{r+s} frei für $s \geq 1$, $N \xleftarrow{e} \underline{N}$ eine Auflösung von N, und $p\colon M_r \longrightarrow N$ ein A-Modulhomomorphismus.
Dann gibt es eine Familie von Modulhomomorphismen $p_s\colon M_{r+s} \longrightarrow N_{s-1}$, die das Diagramm

$$\begin{array}{ccccccccccc}
\longleftarrow & M_{r-1} & \xleftarrow{d} & M_r & \xleftarrow{d} & M_{r+1} & \xleftarrow{d} & M_{r+2} & \xleftarrow{d} & \cdots \\
 & & & \downarrow p & & \downarrow p_1 & & \downarrow p_2 & & \\
 & 0 & \longleftarrow & N & \xleftarrow{e} & N_0 & \xleftarrow{d} & N_1 & \xleftarrow{d} & \cdots
\end{array}$$

kommutativ ergänzen, und diese sind bis auf Kettenhomotopie eindeutig.

Aus Lemma 6.3 folgt insbesondere, daß je zwei freie Auflösungen eines Moduls M kettenhomotopieäquivalent sind. Also hängt die Homologie des Kettenkomplexes

$$\longrightarrow \mathrm{Hom}_A^t(M_0,N) \xrightarrow{d^*} \mathrm{Hom}_A^t(M_1,N) \xrightarrow{d^*} \mathrm{Hom}_A^t(M_2,N) \longrightarrow$$

nur von den Moduln M und N, nicht von der gewählten Auflösung ab, und man definiert:

6.4 Definition: $\mathrm{Ext}_A^{s,t}(M,N) := H_s(\mathrm{Hom}_A^t(M_*,N),d^*)$

Für $N = \mathbb{Z}/p$ schreiben wir statt $\mathrm{Ext}_A^{s,t}(M, \mathbb{Z}/p)$ auch kurz $\mathrm{Ext}_A^{s,t}(M)$.
Als weitere Anwendung von 6.3 folgt, daß ein Modulhomomorphismus $f\colon M \longrightarrow M'$ einen Homomorphismus

$$f^{s,t}\colon \mathrm{Ext}_A^{s,t}(M',N) \longrightarrow \mathrm{Ext}_A^{s,t}(M,N) \qquad \text{induziert.}$$

6.5 Bemerkungen zu $\mathrm{Ext}_A^{*,*}(M)$:

i) Für den trivialen A-Modul $\mathbb{Z}/p$ gilt

$$\mathrm{Hom}_A^t(M_s, \mathbb{Z}/p) \cong \mathrm{Hom}_{\mathbb{Z}/p}^t(M_s/I(A)M_s, \mathbb{Z}/p),$$

und so erhält man den Kettenkomplex

$$\longrightarrow \mathrm{Hom}_A^t(M_0, \mathbb{Z}/p) \xrightarrow{d^*} \mathrm{Hom}_A^t(M_1, \mathbb{Z}/p) \xrightarrow{d^*} \mathrm{Hom}_A^t(M_2, \mathbb{Z}/p) \longrightarrow$$

durch Dualisieren, d.h. Anwenden von $\mathrm{Hom}_{\mathbb{Z}/p}^t(-\,;\mathbb{Z}/p)$ auf die Sequenz

$$(*) \quad \longleftarrow M_0/I(A)M_0 \xleftarrow{d} M_1/I(A)M_1 \xleftarrow{d} M_2/I(A)M_2 \longleftarrow \; .$$

Insbesondere gilt $\mathrm{Ext}_A^{s,t}(M) \cong \mathrm{Hom}_{\mathbb{Z}/p}^t(M_s/I(A)M_s, \mathbb{Z}/p)$, wenn die Differentiale in der Sequenz (*) trivial sind. Dies ist genau dann der Fall, wenn $M \xleftarrow{e} \underline{M}$ minimal ist.

ii) Es sei $a_1^s,\dots,a_{ms}^s$ eine Basis des freien Moduls M_s. Dann repräsentieren die gleichen Elemente eine Basis des $\mathbb{Z}/p$ - Vektorraumes $M_s/I(A)M_s$. Die Elemente der dualen Basis von

$$\mathrm{Hom}_{\mathbb{Z}/p}(M_s/I(A)M_s, \mathbb{Z}/p) \cong \mathrm{Hom}_A(M_s, \mathbb{Z}/p)$$

seien mit $a_{1*}^s,\dots,a_{m_s*}^s$ bezeichnet.

iii) In einer minimalen freien Auflösung induziert $e\colon M_0 \longrightarrow M$ einen Isomorphismus $M_0/I(A)M_0 \cong M/I(A)M$. Also gilt:

$$\mathrm{Ext}_A^{0,t}(M) \cong \mathrm{Hom}_{\mathbb{Z}/p}^t(M_0/I(A)M_0, \mathbb{Z}/p)$$
$$\cong \mathrm{Hom}_{\mathbb{Z}/p}^t(M/I(A)M, \mathbb{Z}/p) \cong \mathrm{Hom}_A^t(M, \mathbb{Z}/p)\,.$$

6.6 Produktstruktur:

Für A-Moduln M,N,P gibt es ein mit A-Modulhomomorphismen verträgliches Produkt

$$\mathrm{Ext}_A^{s,t}(N,P) \otimes \mathrm{Ext}_A^{s',t'}(M,N) \longrightarrow \mathrm{Ext}_A^{s+s',t+t'}(M,P),$$

das wie folgt definiert wird:

Es seien $M \xleftarrow{e} \underline{M}$ und $N \xleftarrow{e} \underline{N}$ freie Auflösungen, und $x\colon N_s \longrightarrow P$, $y\colon M_{s'} \longrightarrow N$ seien Homomorphismen, die Elemente $[x] \in \mathrm{Ext}_A^{s,t}(N,P)$ bzw. $[y] \in \mathrm{Ext}_A^{s',t'}(M,N)$ repräsentieren. Aus Lemma 6.3 folgt, daß es Homomorphismen y_i gibt, die das Diagramm

$$\begin{array}{ccccccccccc}
0 \leftarrow M \leftarrow M_0 \leftarrow \cdots \leftarrow & M_{s'} & \leftarrow & M_{s'+1} & \leftarrow & M_{s'+2} & \leftarrow \\
\swarrow y & \downarrow y_0 & & \downarrow y_1 & & \downarrow y_2 & \cdots \\
0 \leftarrow N \leftarrow & N_0 & \leftarrow & N_1 & \leftarrow & N_2 & \leftarrow
\end{array}$$

kommutativ ergänzen. Die Komposition $x \circ y_s : M_{s+s'} \longrightarrow P$ liegt im Kern von $d^*: \mathrm{Hom}_A(M_{s+s'},P) \longrightarrow \mathrm{Hom}_A(M_{s+s'+1},P)$, und man definiert:

$$[x][y] := [x \circ y_s] \in \mathrm{Ext}_A^{s+s',t+t'}(M,P).$$

Die Wohldefiniertheit dieses Produktes ist ebenfalls eine Konsequenz von Lemma 6.3. Durch dieses Produkt wird $\mathrm{Ext}_A^{*,*}(\mathbb{Z}/p)$ zu einer graduiert kommutativen Algebra, und $\mathrm{Ext}_A^{*,*}(M)$ zum graduierten Modul über dieser Algebra.

Unser nächstes Ziel besteht darin, Elemente $h_i \in \mathrm{Ext}_A^{1,*}(\mathbb{Z}/p)$ zu definieren, und zu zeigen, wie sich die Operation von h_i auf $\mathrm{Ext}_A^{*,*}(M)$ an einer freien Auflösung von M ablesen läßt.

<u>6.7 Definition</u>:

Die $\mathbb{Z}/p$ - lineare Abbildung $\widetilde{H}_i : A \longrightarrow \mathbb{Z}/p$ sei für i=0,1,... folgendermaßen definiert:

Schreibe $a \in A$ als Linearkombination zulässiger Monome ([Steenrod-Epstein, I,3.1 bzw. VI,2.5]), und setze:

$$\widetilde{H}_i(a) := \begin{cases} \text{Koeffizient von } Sq^{2^i} & \text{falls } p=2 \\ \text{Koeffizient von } \beta & \text{falls } p\neq 2,\ i=0 \\ \text{Koeffizient von } P^{p^{i-1}} & \text{falls } p\neq 2,\ i\neq 0\ . \end{cases}$$

Wenn $M \xleftarrow{e} \underline{M}$ eine freie Auflösung ist, und $a_1^s,\dots,a_{m_s}^s$ eine Basis von M_s, dann sei der A-Homomorphismus

$$H_i : M_{s+1} \longrightarrow M_s \qquad \text{definiert durch}$$

$$a_p^{s+1} \longmapsto \sum_{j=1}^{m_s} \widetilde{H}_i(\langle d(a_p^{s+1}),a_j^s\rangle)a_j^s \quad .$$

Hierbei steht $\langle m,a_j^s\rangle$ für den Koeffizienten von a_j^s in der Basisdarstellung eines Elementes $m \in M_s$.

$$H_i^*: \mathrm{Hom}_A(M_s, \mathbb{Z}/p) \longrightarrow \mathrm{Hom}_A(M_{s+1}, \mathbb{Z}/p)$$

sei die zu H_i duale Abbildung, die bzgl. der dualen Basis $\{a^s_{1*},\ldots, a^s_{m_s*}\}$ von $\mathrm{Hom}_A(M_s, \mathbb{Z}/p)$ gegeben ist durch

$$H_i^*(a^s_{p*}) = \sum_{j=1}^{m_s} \widetilde{H}_i(<d(a_j^{s+1}), a_p^s>)\, a^{s+1}_{j*}$$

6.8 Lemma:

$$d^*(H_i^*(a^s_{p*})) = -H_i^*(d^*(a^s_{p*}))$$

Beweis:

Es sei e: $A \longrightarrow \mathbb{Z}/p$ die Projektion auf die Elemente vom Grad null, und $d^s_{pq} := <d(a_p^{s+1}), a_q^s> \in A$. Aus $d^2 = 0$ folgt $\sum_q d^s_{pq} d^{s-1}_{qr} = 0$, also insbesondere

$$0 = \widetilde{H}_i(\sum_q d^s_{pq} d^{s-1}_{qr}) = \sum_q (\widetilde{H}_i(d^s_{pq}) e(d^{s-1}_{qr}) + e(d^s_{pq})\widetilde{H}_i(d^{s-1}_{qr})),$$

da die Elemente Sq^{2^i}, β und $P^{p^{i-1}}$ der Steenrodalgebra unzerlegbar sind.

Es folgt weiter:

$$d(H_i(a_p^{s+1})) = d(\sum_q \widetilde{H}_i(d^s_{pq})a^s_q) = \sum_{q,r} \widetilde{H}_i(d^s_{pq}) d^{s-1}_{qr} a^{s-1}_r \equiv$$

$$\sum_{q,r} \widetilde{H}_i(d^s_{pq}) e(d^{s-1}_{qr}) a^{s-1}_r = -\sum_{q,r} e(d^s_{pq})\widetilde{H}_i(d^{s-1}_{qr}) a^{s-1}_r =$$

$$-H_i(\sum_q e(d^s_{pq}) a^s_q) \equiv -H_i(\sum_q d^s_{pq} a^s_q) = -H_i(d(a_p^{s+1})) \mod I(A)M_{s-1}.$$

Durch Dualisieren folgt die Behauptung.

Q.E.D.

6.9 Satz:

Es sei $\mathbb{Z}/p \xleftarrow{e} \underline{N}$ eine freie Auflösung von $\mathbb{Z}/p$, und $h_i \in \mathrm{Ext}_A^{1,*}(\mathbb{Z}/p)$ definiert durch $h_i := [H_i^* e]$. Weiterhin sei $M \xleftarrow{e} \underline{M}$ eine freie Auflösung von M, und $y \in \mathrm{Kern}(d^*: \mathrm{Hom}_A(M_s, \mathbb{Z}/p) \longrightarrow \mathrm{Hom}_A(M_{s+1}, \mathbb{Z}/p))$.

Dann gilt:

$$h_i[y] = [H_i^* y] \in \mathrm{Ext}_A^{s+1,*}(M).$$

Beweis:

Wie in 6.6 sei $y_{s'}: M_{s+s'} \longrightarrow N_{s'}$ eine Familie von Modulhomomorphismen die $y: M_s \longrightarrow \mathbb{Z}/p$ liften. Aus der Definition von H_i folgt die Kommutativität des Diagrammes

$$\begin{array}{ccc} M_s & \xleftarrow{H_i} & M_{s+1} \\ \downarrow y_0 & & \downarrow y_1 \\ N_0 & \xleftarrow{H_i} & N_1 \end{array}$$

Daraus ergibt sich:

$$h_i[y] = [H_i^* e][y] = [e \circ H_i][y] = [e \circ H_i \circ y_1] = [e \circ y_0 \circ H_i] = [y \circ H_i] = [H_i^* y].$$

Q.E.D.

Wenn man die Gruppen $\mathrm{Ext}_A^{s,t}(M)$ nur für $t-s<d$ berechnen will, braucht man keine freie Auflösung, sondern, wie Lemma 6.11 zeigt, genügt folgendes:

<u>6.10 Definition</u>:

Eine <u>Auflösung bis zur Dimension d</u> ist ein Kettenkomplex $M \xleftarrow{e} \underline{M}$ über M mit folgenden Eigenschaften:

i) Die Sequenz

$$0 \longleftarrow M^t \xleftarrow{e} M_0^t \xleftarrow{d} M_1^t \xleftarrow{d} M_2^t \longleftarrow \cdots$$

ist an der Stelle M_s^t exakt für $t \leq d+s$, und $M^t \xleftarrow{e} M_0^t$ ist surjektiv für $t \leq d-1$.

ii) $(M_s/I(A)M_s)^t = 0$ für $t \geq d+s$.

<u>6.11 Lemma</u>:

Eine freie Auflösung bis zur Dimension d $M \xleftarrow{e} \underline{M}$ läßt sich zu einer freien Auflösung

$$0 \longleftarrow M \xleftarrow{e'} M_0 \oplus \tilde{M}_0 \xleftarrow{d'} M_1 \oplus \tilde{M}_1 \xleftarrow{d'} M_2 \oplus \tilde{M}_2 \longleftarrow$$

erweitern. Hierbei sind $\tilde{M}_s$ freie A-Moduln mit $\tilde{M}_s^t = 0$ für $t<d+s$ und $e'|_{M_0} = e$, $d'|_{M_s} = d$.

Die Erweiterung kann so durchgeführt werden, daß Minimalität erhalten bleibt.

Die Auflösung $0 \leftarrow M \xleftarrow{e'} M_0 \oplus \tilde{M}_0 \xleftarrow{d'} M_1 \oplus \tilde{M}_1 \leftarrow \ldots$ bezeichnen wir als <u>Vervollständigung</u> der vorliegenden Auflösung bis zur Dimension d.

<u>Beweis</u>:

Wir nehmen induktiv an, daß für $r \leq s$ die Moduln $\tilde{M}_r$ und die Differentiale $e': M_0 \oplus \tilde{M}_0 \longrightarrow M$, $d': M_r \oplus \tilde{M}_r \longrightarrow M_{r-1} \oplus \tilde{M}_{r-1}$ mit den gewünschten Eigenschaften konstruiert worden sind (der Induktionsanfang, d.h. die Konstruktion von e' ist analog zum Induktionsschritt).

Zum Induktionsschritt: Wir wählen ein minimales Erzeugendensystem $b_1, b_2, \ldots \in \mathrm{Kern}(d': M_s \oplus \tilde{M}_s \longrightarrow M_{s-1} \oplus \tilde{M}_{s-1})$, und setzen:

$$\tilde{M}_{s+1} := \bigoplus_i Aa_i \qquad \text{mit } |a_i| = |b_i|$$

$$d'(a_i) := b_i \qquad d'|_{M_{s+1}} := d$$

Dann hat $d': M_{s+1} \oplus \tilde{M}_{s+1} \longrightarrow M_s \oplus \tilde{M}_s$ alle geforderten Eigenschaften.

Q.E.D.

<u>6.12 Definition</u>:

Ein A-Modul M heißt <u>fast-frei</u>, wenn es Elemente $a_1, \ldots, a_m, \bar{a}_1, \ldots, \bar{a}_n$ aus M gibt mit $\beta \bar{a}_j = 0$, sodaß die offensichtliche Abbildung

$$\bigoplus_{i=1}^{m} Aa_i \oplus \bigoplus_{j=1}^{n} (A/A\beta)\bar{a}_j \longrightarrow M$$

ein Isomorphismus ist. Hierbei ist $\beta \in A$ der Bockstein - Homomorphismus. $\{a_1, \ldots, a_m, \bar{a}_1, \ldots, \bar{a}_n\}$ bezeichnen wir als <u>Basis</u> von M. Eine Auflösung (bis zur Dimension d) $M \xleftarrow{e} \underline{M}$ heißt fast-frei, wenn die Moduln M_s fast-frei sind, und nur endlich viele $(A/A\beta)$ - Summanden in der Auflösung vorkommen.

<u>6.13 Bemerkung</u>:

Zu einem vorgegebenen Modul M (der nach unten beschränkt und lokal endlich sein soll, vgl. 6.1) und einer vorgegebenen Zahl d gibt es fast-freie Auflösungen bis zur Dimension d mit nur <u>endlich</u> vielen Basiselementen in der ganzen Auflösung (insbesondere sind nur endlich viele Moduln M_s von null verschieden).

Eine entsprechende Aussage für freie Auflösungen ist nicht richtig. Deshalb ist es einfacher, fast-freie Auflösungen zu konstruieren, und wir werden in 6.18 ein induktives Konstruktionsverfahren für minimale, fast-freie Auflösungen angeben.
Andererseits kann man, wie der folgende Satz zeigt, an einer minimalen, fast-freien Auflösung bis zur Dimension d die Ext - Gruppen für $t-s<d$, einschließlich der Operation der h_i's ablesen:

6.14 Satz:

Es sei $M \xleftarrow{e} \underline{M}$ eine minimale, fast-freie Auflösung bis zur Dimension d. Weiterhin sei $\{a_1^s,\ldots,a_{m_s}^s,\bar{a}_1,\ldots,\bar{a}_{n_s}^s\}$ für jedes $s\geq 0$ eine Basis des fast-freien Moduls M_s, und für ein Element $m\in M_s$ bezeichne $<m,a_p^s>\in A$ (bzw. $<m,\bar{a}_q^s>\in A/A\beta$) den Koeffizienten von a_p^s (bzw. $\bar{a}_q^s$) in der Basisdarstellung von m. Dann gilt:

i) Es gibt Elemente

$$a_{p*}^s \in \mathrm{Ext}_A^{s,*}(M), \qquad |a_{p*}^s| = |a_p^s|, \qquad 1\leq p\leq m_s$$

und

$$\bar{a}_{q*}^s \in \mathrm{Ext}_A^{s,*}(M), \qquad |\bar{a}_{q*}^s| = |\bar{a}_q^s|, \qquad 1\leq q\leq n_s,$$

sodaß für $t-s<d$ die Menge

$$\left\{a_{p*}^s,\ h_0^r\bar{a}_{q*}^{s-r} \ /\ |a_{p*}^s| = t,\ |\bar{a}_{q*}^{s-r}| = t-r,\ 0\leq r\leq s, 1\leq p\leq m_s, 1\leq q\leq n_s\right\}$$

eine $\mathbb{Z}/p$ - Basis von $\mathrm{Ext}_A^{s,t}(M)$ ist.

ii) Die Elemente $h_i \in \mathrm{Ext}_A^{1,*}(\mathbb{Z}/p)$ operieren wie folgt:

$$h_i a_{p*}^s = \sum_{j=1}^{m_{s+1}+n_{s+1}} \tilde{H}_i(<d(a_j^{s+1}),a_p^s>)\ a_{j*}^{s+1}$$

Hierbei setzen wir $a_{m_s+q}^s := \bar{a}_q^s$, $a_{m_s+q*}^s := \bar{a}_{q*}^s$ und verlangen $i\neq 0$ für $m_s+1\leq p\leq m_s+n_s$.

Bemerkung: Der in 6.7 definierte Homomorphismus $\tilde{H}_i: A \longrightarrow \mathbb{Z}/p$ verschwindet für $i\neq 0$ auf $A\beta$, sodaß man eine wohldefinierte Abbildung $\tilde{H}_i: A/A\beta \longrightarrow \mathbb{Z}/p$ erhält. Insbesondere ist für $i\neq 0$ der Ausdruck $\tilde{H}_i(<d(a_j^{s+1}),a_p^s>)$ auch für $p>m_s$ (dann liegt $<d(a_j^{s+1}),a_p^s>$ in $A/A\beta$) wohldefiniert.

6.15 Lemma:

Es sei $M \xleftarrow{e} \underline{M}$ eine Auflösung bis zur Dimension d mit $M_r = M'_r \oplus N$, und $N \xleftarrow{e} \underline{N}$ eine Auflösung bis zur Dimension d+r. Ferner sei $p_s: M_{r+s} \longrightarrow N_{s-1}$ eine Kettenabbildung, die die Projektion $p: M'_r \oplus N \longrightarrow N$ liftet (nach Lemma 6.3 existiert eine solche Kettenabbildung immer, wenn die Moduln M_{r+s} für $s \geq 1$ frei sind):

$$\begin{array}{ccccccccccccccc} 0 \leftarrow M & \xleftarrow{e} & M_0 & \xleftarrow{d} & \cdots & \xleftarrow{d} & M_{r-1} & \xleftarrow{d} & M'_r \oplus N & \xleftarrow{d} & M_{r+1} & \xleftarrow{d} & M_{r+2} & \leftarrow \\ & & & & & & & & \downarrow p & & \downarrow p_1 & & \downarrow p_2 & \\ & & & & & & & & 0 \leftarrow N & \xleftarrow{e} & N_0 & \xleftarrow{d} & N_1 & \leftarrow \end{array}$$

Dann ist die Sequenz

$$0 \leftarrow M \xleftarrow{e} M_0 \xleftarrow{d'} \cdots \xleftarrow{d'} M_{r-1} \xleftarrow{d'} M'_r \oplus N_0 \xleftarrow{d'} M_{r+1} \oplus N_1 \xleftarrow{d'}$$

eine Auflösung bis zur Dimension d, wobei die Differentiale d' wie folgt definiert sind:

$$d': M'_r \oplus N_0 \longrightarrow M_{r-1} \qquad (m,n) \longmapsto d(m, e(n))$$

$$d': M_{r+1} \oplus N_1 \longrightarrow M'_r \oplus N_0 \qquad (m,n) \longmapsto (pr_1 \cdot d(m), -d(n)+p_1(m))$$

$$d': M_{r+s} \oplus N_s \longrightarrow M_{r+s-1} \oplus N_{s-1} \quad \text{für } s \geq 1 \qquad (m,n) \longmapsto (d(m), -d(n)+p_s(m))$$

Beweis: Diagrammjagd in obigem Diagramm

Q.E.D.

6.16 Lemma:

Die Sequenz $0 \leftarrow A/A\beta \xleftarrow{e} Ac^0 \xleftarrow{d} Ac^1 \xleftarrow{d} Ac^2 \leftarrow \ldots$ mit $e(c^0) := 1$, $d(c^{s+1}) := \beta c^s$ ist eine minimale, freie Auflösung von $A/A\beta$.

Beweis:

Aus $\beta^2 = 0$ folgt $d^2 = 0$, sodaß diese Sequenz ein Kettenkomplex ist. Offensichtlich ist dieser Kettenkomplex minimal und frei, sodaß nur die Exaktheit nachzuweisen bleibt.

Gegeben ein $a \in A$ mit $d(ac^s) = 0$, d.h. $a\beta = 0$, schreiben wir $a = a' + a''$, wobei a' aus zulässigen Monomen bestehe, die mit β enden, und a'' aus solchen, für die das nicht der Fall ist. Dann gilt $0 = a\beta = a'\beta + a''\beta = a''\beta$.

Aber die Monome in a'' bleiben nach Rechtsmultiplikation mit β zulässig, sodaß aus $a''\beta = 0$ folgt $a'' = 0$. Also läßt sich $a = a'$ in der Form $a''\beta$ schreiben, und ac^s liegt im Bild von d.

Q.E.D.

6.17 Lemma:

Es sei $0 \leftarrow M \xleftarrow{e} M_0 \leftarrow \dots \leftarrow M_{r-1} \xleftarrow{d} M_r \oplus (A/A\beta)\bar{a} \xleftarrow{d} M_{r+1} \leftarrow \dots$ ein minimaler Kettenkomplex mit $M_{r+1}, M_{r+2}, \dots$ frei. Weiterhin sei $0 \leftarrow (A/A\beta)\bar{a} \xleftarrow{e} Ac^0\bar{a} \xleftarrow{d} Ac^1\bar{a} \leftarrow \dots$ die in 6.16 angegebene minimale, freie Auflösung von $(A/A\beta)\bar{a}$.

Dann kann man eine Kettenabbildung $p_s : M_{r+s} \longrightarrow Ac^{s-1}\bar{a}$, die die Projektion $p: M_r \oplus (A/A\beta)\bar{a} \longrightarrow (A/A\beta)\bar{a}$ liftet, so wählen, daß die Komposition

$$M_{r+s} \xrightarrow{p_s} Ac^{s-1}\bar{a} \xrightarrow{\text{Projektion}} \Big(\bigoplus_{q=0,1} A^q\Big)c^{s-1}\bar{a} \quad \text{null ist.}$$

Beweis:

Weil der Kettenkomplex $M \xleftarrow{e} \underline{M}$ minimal ist, verschwindet die Komposition

$$M_r \oplus (A/A\beta)\bar{a} \xrightarrow{p} (A/A\beta)\bar{a} \xrightarrow{\text{Projektion}} \Big(\bigoplus_{q=0,1} (A/A\beta)^q\Big)\bar{a} \,.$$

Wir nehmen induktiv an, daß wir mit den Differentialen verträgliche Homomorphismen $p_1, \dots, p_s$ konstruiert haben, die die gewünschte Eigenschaft besitzen. Es sei $\{a_k^{r+s+1}\}$ eine A-Basis von M_{r+s+1}. Dann gilt

$$d(p_s \circ d(a_k^{r+s+1})) = p_{s-1} \circ d^2(a_k^{r+s+1}) = 0,$$

sodaß sich $p_s \circ d(a_k^{r+s+1})$ in der Form $p_s \circ d(a_k^{r+s+1}) = a_k\beta c^{s-1}\bar{a}$ mit $a_k \in \bigoplus_{q\geq 2} A^q$ schreiben läßt.

Der A-Modulhomomorphismus $p_{s+1}: M_{r+s+1} \longrightarrow Ac^s\bar{a}$, definiert durch $p_{s+1}(a_k^{r+s+1}) := a_k c^s \bar{a}$, hat dann alle geforderten Eigenschaften.

Q.E.D.

Beweis von Satz 6.14:

Lemma 6.15 zeigt, wie man in der Sequenz $0 \leftarrow M \xleftarrow{e} M_0 \xleftarrow{d} M_1 \leftarrow \dots$ die $(A/A\beta)$ - Summanden von rechts beginnend sukzessiv durch die in 6.16 angegebene Auflösung ersetzen kann. Dabei entsteht aus jedem Basiselement $\bar{a}_q^s$ ein ganzer Rattenschwanz von Basiselementen $c^0\bar{a}_q^s, c^1\bar{a}_q^s, \dots$

in der so konstruierten freien Auflösung bis zur Dimension d, die wir mit $0 \leftarrow \hat{M} \xleftarrow{\hat{e}} \hat{M}_0 \xleftarrow{\hat{d}} \hat{M}_1 \leftarrow \dots$ bezeichnen.
Aus Lemma 6.17 folgt, daß bei jedem Schritt die Minimalität erhalten bleibt, sodaß $M \xleftarrow{\hat{e}} \underline{\hat{M}}$ ebenfalls minimal ist. Also repräsentieren die dualen Basiselemente

$$a^s_{p*} \quad \text{mit } |a^s_{p*}| = t \quad 1 \leq p \leq m_s \quad \text{und}$$
$$c^r \bar{a}^{s-r}_{q*} \quad \text{mit } |\bar{a}^{s-r}_{q*}| = t-r \quad 1 \leq q \leq n_{s-r},\ 0 \leq r \leq s$$

eine $\mathbb{Z}/p$ - Basis von $\mathrm{Ext}_A^{s,t}(M)$ für $t-s < d$.
Als nächstes benutzen wir Satz 6.9 um die Operation von h_i zu bestimmen.
Aus der expliziten Darstellung der Differentiale in 6.15 und 6.16 folgt:

$$\tilde{H}_0(<d(m), c^r \bar{a}^{s-r}_q>) = \begin{cases} 1 & \text{falls } m = c^{r+1}\bar{a}^{s-r}_q \\ 0 & \text{falls } m \text{ ein anderes Basiselement von } M_{s+1} \end{cases}$$

Also gilt nach 6.9: $h_0 c^r \bar{a}^{s-r}_{q*} = c^{r+1}\bar{a}^{s-r}_{q*}$, und induktiv $h_0^r c^0 \bar{a}^s_{q*} = c^r \bar{a}^s_{q*}$.
Damit ist Teil (i) bewiesen (Wir setzen $\bar{a}^s_{q*} := c^0 \bar{a}^s_{q*}$).
Zu Teil (ii): Für $1 \leq p \leq m_s$ gilt:

$$<\hat{d}(c^r \bar{a}^{s+1-r}_j), a^s_p> = \begin{cases} 0 & \text{für } r > 0 \\ <d(\bar{a}^{s+1}_j), a^s_p> & \text{für } r = 0 \end{cases}$$

$$<\hat{d}(a^{s+1}_j), a^s_p> = <d(a^{s+1}_j), a^s_p>$$

$$\Rightarrow \quad h_i a^s_{p*} = \sum_{j=1}^{m_{s+1}+n_{s+1}} \tilde{H}_i(<d(a^{s+1}_j), a^s_p>) a^{s+1}_{j*} \qquad \text{für } 1 \leq p \leq m_s$$

Für $i \neq 0$ gilt: $\tilde{H}_i(<\hat{d}(c^r \bar{a}^{s+1-r}_j), \bar{a}^s_q>) = \begin{cases} 0 & \text{für } r > 0 \\ \tilde{H}_i(<d(\bar{a}^{s+1}_j), \bar{a}^s_q>) & \text{für } r = 0 \end{cases}$

$$<\hat{d}(a^{s+1}_j), \bar{a}^s_q> = <d(a^{s+1}_j), \bar{a}^s_q>$$

Daraus folgt, daß h_i auch auf den Elementen $a^s_{m_s+q*} = \bar{a}^s_{q*}$, $1 \leq q \leq n_q$, wie behauptet operiert.

Q.E.D.

6.18 Konstruktion von minimalen, fast-freien Auflösungen

Wir gehen induktiv vor. O.B.d.A. sei der A - Modul M zusammenhängend.

Induktionsannahme:

Es ist $0 \leftarrow M \leftarrow M_0 \leftarrow M_1 \leftarrow$ ein Kettenkomplex mit den folgenden Eigenschaften:

i) M_s ist (2s-1)-zusammenhängend, d.h. $(M_s)^t = 0$ für $t \leq 2s-1$

ii) Das Differential $d: (M_s)^t \longrightarrow (M_{s-1})^t$ ist für $t = 2s, 2s+1$ injektiv

iii) Die Sequenz ist minimal, d.h. $\mathrm{Kern}(d: M_s \longrightarrow M_{s-1}) \subset I(A)M_s$

iv) Die Sequenz ist an der Stelle M_s exakt bis einschließlich Graduierung $s+d$ für $s<k$ bzw. Graduierung $s+d-1$ für $s \geq k$

v) $(M_s/I(A)M_s)^t = 0$ für $t \geq s+d$ falls $s \leq k$ bzw. für $t \geq s+d-1$ falls $s>k$.

Induktionsschritt:

Wir wählen einen $\mathbb{Z}/p$ - Unterraum $V \subset \mathrm{Kern}(d:(M_k)^{k+d} \longrightarrow (M_{k-1})^{k+d})$, sodaß die Komposition $V \rightarrow \mathrm{Kern}\, d \rightarrow \mathrm{Kern}\, d \,/\, \mathrm{Bild}\, d$ ein Isomorphismus ist. Dann wählen wir eine Basis $\{\bar{b}_1, \dots, \bar{b}_n\}$ des Vektorraumes $\mathrm{Kern}\, L_\beta \subset V$ ($L_\beta: V \rightarrow M_k$ bezeichnet die Linksmultiplikation mit β) und erweitern sie zu einer Basis $\{\bar{b}_1, \dots, \bar{b}_n, b_1, \dots, b_m\}$ von V.

Mit diesen Daten konstruiert man einen neuen Kettenkomplex $0 \leftarrow M \leftarrow \tilde{M}_0 \leftarrow \tilde{M}_1 \leftarrow$, indem man setzt:

$$\tilde{M}_s := M_s \quad \text{für } s \neq k+1, \text{ und}$$

$$\tilde{M}_{k+1} := M_{k+1} \oplus \bigoplus_{i=1}^{m} A a_i^{k+1,k+d} \oplus \bigoplus_{j=1}^{n} (A/A\beta)\bar{a}_j^{k+1,k+d} \; .$$

Das Differential auf den neuen Erzeugern wird durch $d(a_i^{k+1,k+d}) := b_i$ und $d(\bar{a}_j^{k+1,k+d}) := \bar{b}_j$ definiert.

Behauptung:

Dieser Kettenkomplex hat die Eigenschaften i) bis v) mit k ersetzt durch k+1.

Beweis:

Die Eigenschaft v) ergibt sich unmittelbar aus der Konstruktion.
Im folgenden wollen wir M_{k+1} als Untermodul von $\tilde{M}_{k+1}$ auffassen. Als weitere unmittelbare Konsequenz der Konstruktion halten wir fest, daß $\mathrm{Kern}(d: \tilde{M}_{k+1} \longrightarrow \tilde{M}_k)$ und $\mathrm{Kern}(d: M_{k+1} \longrightarrow M_k)$ in Graduierungen kleiner

gleich k+d übereinstimmen.

Zu i): Aus den Eigenschaften i) und ii) der Ausgangssequenz ergibt sich $\mathrm{Kern}(d\colon (M_k)^{k+d} \longrightarrow (M_{k-1})^{k+d}) = 0$ für $d \leq k+1$. Deshalb ist der Modul $\widetilde{M}_{k+1}$ (2k+1) - zusammenhängend.

Zu ii): Nachzuweisen ist die Injektivität von $d\colon (\widetilde{M}_{k+1})^t \longrightarrow (\widetilde{M}_k)^t$ für $t = 2k+2, 2k+3$. Hierbei ist nur der Fall interessant, wo die neuen Erzeuger die Dimension 2k+2 haben, d.h. $d = k+2$. Denn für $d > k+2$ stimmen $\mathrm{Kern}(d\colon \widetilde{M}_{k+1} \longrightarrow \widetilde{M}_k)$ und $\mathrm{Kern}(d\colon M_{k+1} \longrightarrow M_k)$ in den fraglichen Dimensionen überein, und Letzterer verschwindet wegen Eigenschaft ii) im gleichen Dimensionsbereich.
Im Fall $d = k+2$ bemerken wir, daß aus i) und v) folgt $(M_{k+1})^{2k+2} = 0$ und $(M_{k+1})^{2k+3} = 0$. Also ist

$\{a_i^{k+1,2k+2}, \bar{a}_j^{k+1,2k+2}\}$ eine $\mathbb{Z}/p$ - Basis von $(\widetilde{M}_{k+1})^{2k+2}$, und

$\{\beta a_i^{k+1,2k+2}\}$ eine Basis von $(\widetilde{M}_{k+1})^{2k+3}$.

Nach Konstruktion sind die Bilder dieser Basiselemente linear unabhängig.

Zu iii): Es ist zu zeigen $\mathrm{Kern}(d\colon \widetilde{M}_{k+1} \longrightarrow \widetilde{M}_k) \subset I(A)\widetilde{M}_{k+1}$. In Graduierung $t \leq k+d$ folgt dies aus $\mathrm{Kern}(d\colon M_{k+1} \longrightarrow M_k) \subset I(A)M_{k+1}$ und der Übereinstimmung dieser beiden Kerne. Für $t > k+d$ ist nichts zu zeigen, denn nach v) gilt $(\widetilde{M}_{k+1}/I(A)\widetilde{M}_{k+1})^t = 0$ für $t \geq k+1+d$.

Zu iv): Die Exaktheit an der Stelle $\widetilde{M}_k$ bis einschließlich Graduierung k+d folgt direkt aus der Konstruktion. Bei $\widetilde{M}_{k+1}$ ist die Sequenz bis einschließlich Graduierung k+d exakt, weil $\mathrm{Kern}(d\colon \widetilde{M}_{k+1} \longrightarrow \widetilde{M}_k)$ und $\mathrm{Kern}(d\colon M_{k+1} \longrightarrow M_k)$ in diesem Dimensionsbereich übereinstimmen.

Beginnend mit einer Sequenz, die den Induktionsvoraussetzungen genügt, erhält man wegen der Zusammenhangsbedingung i) nach <u>endlich</u> vielen Schritten eine Auflösung bis zur Dimension d. Diese erfüllt insbesondere die Bedingungen i) bis v) mit $k = -1$ und d ersetzt durch d+1. Also kann man sukzessiv eine Auflösung bis zur Dimension d+1 konstruieren, u.s.w. .

Der Induktionsanfang bereitet keine Schwierigkeiten:
Der Kettenkomplex $0 \leftarrow M \leftarrow 0 \leftarrow 0 \leftarrow$ erfüllt, da M zusammenhängend ist, die Bedingungen (i) - (v) für d=1, k=-1.

6.19 Beispiel:

Mit der oben beschriebenen Methode wurde die auf der nächsten Seite dargestellte minimale, fast-freie Auflösung des trivialen A - Moduls $\mathbb{Z}/2$ bis zur Dimension sechs konstruiert.
Hierbei sind $a^{s,t}$, $\bar{a}^{s,t}$ Basiselemente des fast-freien Moduls M_s, die den Grad t haben (in diesem Beispiel genügt diese Indizierung, weil es in jedem Modul M_s höchstens ein Basiselement vom Grad t gibt). In der M_s - Spalte stehen Elemente von M_s, die eine $\mathbb{Z}/2$ - Basis bilden (bis einschließlich Graduierung s+7). Diese Basis ergibt sich durch Anwenden einer Basis von A (bzw. $A/A\beta$) auf die Elemente $a^{s,t}$ (bzw. $\bar{a}^{s,t}$). Hierbei verwenden wir als $\mathbb{Z}/2$ - Basis die zulässigen Monome Sq^I $(I = (i_1,\ldots,i_n)$ heißt zulässig, falls $i_j \geq 2i_{j+1})$, als Basis von $A/A\beta$ die Monome Sq^I mit I zulässig, $i_n \neq 1$.
Die Pfeile geben an, wie die Differentiale d definiert sind; z.B. wird $a^{2,5} \varepsilon M_2$ auf $Sq^1 a^{1,4} + Sq^2 Sq^1 a^{1,2}$ abgebildet. Natürlich sind die Differentiale dadurch bestimmt, daß man sie auf einer A - Basis angibt. Z.B. folgt aus $d(a^{2,4}) = Sq^2 a^{1,2}$ die Identität $d(Sq^2 Sq^1 a^{2,4}) = Sq^2 Sq^1 d(a^{2,4}) = Sq^2 Sq^1 Sq^2 a^{1,2} = Sq^5 a^{1,2} + Sq^4 Sq^1 a^{1,2}$, wobei wir Adem-Relationen benutzt haben, um $Sq^2 Sq^1 Sq^2$ durch zulässige Monome auszudrücken.

Satz 6.14 zeigt, wie man an dieser fast-freien Auflösung bis zur Dimension sechs die Gruppen $Ext_A^{s,t}(\mathbb{Z}/2)$ für $t-s < 6$ ablesen kann. Übersichtlich läßt sich das Ergebnis in einem Diagramm darstellen:

$Ext_A^{s,t}(\mathbb{Z}/2)$

s \ t-s	0	1	2	3	4	5
3	$h_0^3 \bar{a}_*^{0,0}$			$a_*^{3,6}$		
2	$h_0^2 \bar{a}_*^{0,0}$		$a_*^{2,4}$	$a_*^{2,5}$		
1	$h_0 \bar{a}_*^{0,0}$	$a_*^{1,2}$		$a_*^{1,4}$		
0	$\bar{a}_*^{0,0}$					

Dim	$\mathbb{Z}/2$	M_0	M_1	M_2	M_3
0	1	$\bar{a}^{0,0}$			
1					
2	0	$Sq^2\bar{a}^{0,0}$	$a^{1,2}$		
3	0	$Sq^3\bar{a}^{0,0}$	$Sq^1a^{1,2}$		
4	0	$Sq^4\bar{a}^{0,0}$ 0	$a^{1,4}$ $Sq^2a^{1,2}$	 $a^{2,4}$	
5	0	$Sq^5\bar{a}^{0,0}$ 0	$Sq^1a^{1,4}$ $Sq^3a^{1,2}$ $Sq^2Sq^1a^{1,2}$	 $Sq^1a^{2,4}$ $a^{2,5}$	
6	0	$Sq^6\bar{a}^{0,0}$ $Sq^4Sq^2\bar{a}^{0,0}$ 0	$Sq^2a^{1,4}$ $Sq^4a^{1,2}$ $Sq^3Sq^1a^{1,2}$	$Sq^1a^{2,5}$ $Sq^2a^{2,4}$	$a^{3,6}$
7	0	$Sq^7\bar{a}^{0,0}$ 0 $Sq^5Sq^2\bar{a}^{0,0}$	$Sq^3a^{1,4}$ $Sq^2Sq^1a^{1,4}$ $Sq^5a^{1,2}$ $Sq^4Sq^1a^{1,2}$	$Sq^2a^{2,5}$ $Sq^3a^{2,4}$ $Sq^2Sq^1a^{2,4}$	$Sq^1a^{3,6}$
8			$Sq^4a^{1,4}$ $Sq^3Sq^1a^{1,4}$ $Sq^6a^{1,2}$ $Sq^5Sq^1a^{1,2}$ $Sq^4Sq^2a^{1,2}$	$Sq^3a^{2,5}$ $Sq^2Sq^1a^{2,5}$ $Sq^4a^{2,4}$ $Sq^3Sq^1a^{2,4}$	$Sq^2a^{3,6}$
9				$Sq^4a^{2,5}$ $Sq^3Sq^1a^{2,5}$ $Sq^5a^{2,4}$ $Sq^4Sq^1a^{2,4}$	 $Sq^3a^{3,6}$ $Sq^2Sq^1a^{3,6}$

Hierbei ist das Element in einem Kästchen das Basiselement der entsprechenden Ext - Gruppe, und ein leeres Kästchen steht für die triviale Gruppe.

Auch die multiplikativen Relationen

$$h_1\bar{a}_*^{0,0} = a_*^{1,2} \qquad h_1 a_*^{1,2} = a_*^{2,4} \qquad h_1 a_*^{2,4} = a_*^{3,6}$$

$$h_2\bar{a}_*^{0,0} = a_*^{1,4} \qquad h_0 a_*^{1,4} = a_*^{2,5} \qquad h_0 a_*^{2,5} = a_*^{3,6}$$

kann man im Diagramm wiedergeben, wenn man die folgende Darstellungsweise benutzt:

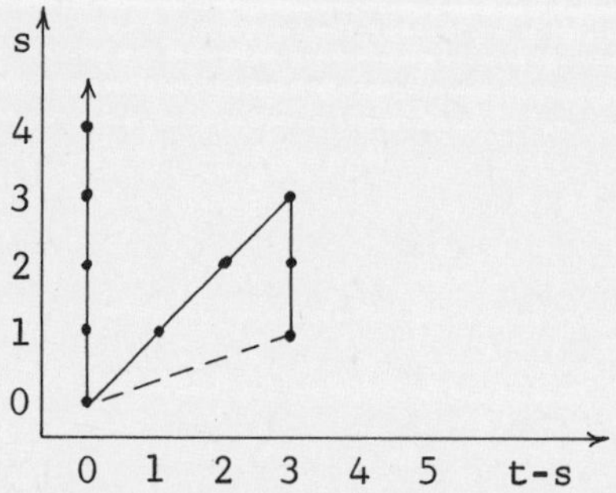

(6.20) $Ext_A^{s,t}(\mathbb{Z}/2)$

Hierbei repräsentieren die Punkte Basiselemente der entsprechenden Ext - Gruppe. Die vertikalen (bzw. schrägen bzw. durchbrochenen) Linien stehen für die Multiplikation mit h_0 (bzw. h_1 bzw. h_2).

§7 Ein E_1 - Term der Adams - Spektralsequenz von A[k]

In diesem Paragraphen zeigen wir, daß man

$$\mathrm{Ext}_A^{s,t}(S^{-2k-1}\mathrm{Kern}\, c^*, \mathbb{Z}/2) \oplus \mathrm{Ext}_A^{s,t}(S^{-2k}\mathrm{Kokern}\, c^*, \mathbb{Z}/2)$$

als E_1 - Term der Adams - Spektralsequenz von A[k] interpretieren kann (Satz 7.4), und berechnen diese Ext - Gruppen für $k \geqslant 9$, $t-s < 7$. Weiterhin bestimmen wir für ungerade Primzahlen die Gruppen

$$\mathrm{Ext}_A^{s,t}(H^*(S^{-2k}A[k]; \mathbb{Z}/p), \mathbb{Z}/p) \text{ für } t-s < 8:$$

7.1 Lemma:

Es sei p eine ungerade Primzahl und $k \geqslant 9$, $k \equiv 0 \mod 4$. Das folgende Diagramm zeigt die Gruppe

$$\mathrm{Ext}_A^{s,t}(H^*(S^{-2k}A[k]; \mathbb{Z}/p), \mathbb{Z}/p) \text{ für } t-s < 8:$$

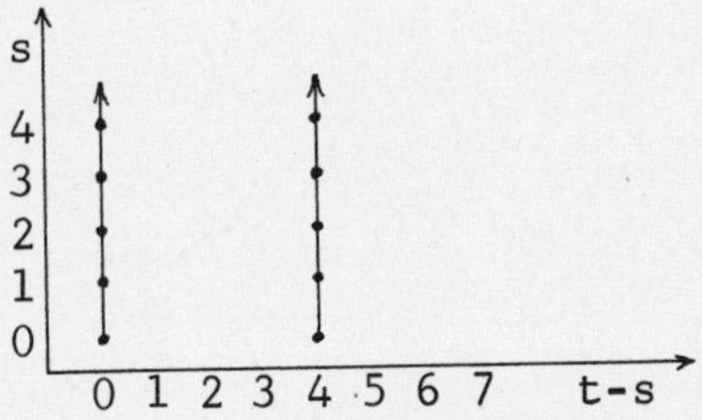

Aus Dimensionsgründen verschwinden die Differentiale der mop p - Adams Spektralsequenz von A[k] im betrachteten Dimensionsbereich $t-s < 8$, und es folgt:

7.2 Korollar:

Für $k \geqslant 9$, $d < 8$ gibt es in der Gruppe $\pi_d(S^{-2k}A[k])$ keine Torsionselemente ungerader Ordnung.

Beweis von Lemma 7.1:
Nach 4.15 (i) gilt $H^d(S^{-2k}A[k]; \mathbb{Z}/p) \cong (S^{-2k}\mathrm{Kokern}\, c^*)^d$ für $d < 8$, und nach 4.15 (ii) bilden die Elemente

$$\phi(i_k^2),\ \phi(i_k i_{k+4}) \text{ (bzw. } \phi(i_k^2),\ \phi(i_k i_{k+4}),\ \phi(i_k P^1 i_k) \text{ für } p=3)$$

eine $\mathbb{Z}/p$ - Basis von $S^{-2k}\mathrm{Kokern}\, c^*$ bis zur Graduierung 8.

Daraus folgt, daß die Sequenz

$$0 \longleftarrow S^{-2k}\text{Kokern}\, c^* \longleftarrow (A/A\beta)\bar{a}^{0,0} \oplus (A/A\beta)\bar{a}^{0,4} \longleftarrow 0$$

$$\phi(i_k^2) \longleftarrow\!\shortmid\ \bar{a}^{0,0}$$

$$\phi(i_k i_{k+4}) \longleftarrow\!\shortmid\ \bar{a}^{0,4}$$

eine minimale, fast-freie Auflösung bis zur Dimension 8 ist. Satz 6.14 zeigt, wie man hieran die Ext - Gruppen ablesen kann.

Q.E.D.

<u>7.3 Definition</u>:

Es sei X ein Spektrum, das den Voraussetzungen von §5 genügt, und $H^*(X;\mathbb{Z}/p) \xleftarrow{e} \underline{M}$ eine freie Auflösung des A - Moduls $H^*(X;\mathbb{Z}/p)$.

Dann definieren wir den bigraduierten Kettenkomplex

$$(E_1^{*,*}(X), d_1) \quad \text{durch} \quad E_1^{s,t}(X) := \text{Hom}_A^t(H^*(X;\mathbb{Z}/p), \mathbb{Z}/p)$$

$$d_1 := d^* : E_1^{s,t}(X) \longrightarrow E_1^{s+1,t}(X),$$

und bezeichnen $(E_1^{s,t}(X), d_1)$ als den zu der Auflösung $H^*(X;\mathbb{Z}/p) \xleftarrow{e} \underline{M}$ gehörenden <u>E_1 - Term der Adams - Spektralsequenz</u>.

Diese Definition ist konsistent, denn die Homologie von $(E_1^{s,t}(X), d_1)$ ist $\text{Ext}_A^{*,*}(H^*(X;\mathbb{Z}/p), \mathbb{Z}/p)$, d.h. der E_2 - Term der Adams - Spektralsequenz von X. Im Gegensatz zu $E_r^{s,t}(X)$ für $r \geq 2$ hängt $E_1^{s,t}(X)$ allerdings von der gewählten freien Auflösung ab.

<u>7.4 Satz</u>:

i) Es gibt eine freie Auflösung von $H^*(S^{-2k}A[k];\mathbb{Z}/2)$, sodaß der zugehörige E_1 - Term $E_1^{s,t}(S^{-2k}A[k])$ die direkte Summe

$$\text{Ext}_A^{s,t}(S^{-2k-1}\text{Kern}\, c^*) \oplus \text{Ext}_A^{s,t}(S^{-2k}\text{Kokern}\, c^*) \quad \text{ist.}$$

ii) Das Diagramm

$$\begin{array}{ccccc}
\text{Ext}_A^{*,*}(S^{-2k-1}\text{Kern}\, c^*) & \xrightarrow{i_1} & E_1^{*,*}(A[k]) & \xrightarrow{p_2} & \text{Ext}_A^{*,*}(S^{-2k}\text{Kokern}\, c^*) \\
\downarrow 0 & & \downarrow d_1 & & \downarrow 0 \\
\text{Ext}_A^{*,*}(S^{-2k-1}\text{Kern}\, c^*) & \xrightarrow{i_1} & E_1^{*,*}(A[k]) & \xrightarrow{p_2} & \text{Ext}_A^{*,*}(S^{-2k}\text{Kokern}\, c^*)
\end{array}$$

ist kommutativ (0 bezeichnet die Nullabbildung).

iii) Das Diagramm

$$\begin{array}{ccccc} \mathrm{Ext}_A^{*,*}(S^{-2k-1}\mathrm{Kern}\,c^*) & \xrightarrow{i_1} & E_1^{*,*}(A[k]) & \xrightarrow{p_2} & \mathrm{Ext}_A^{*,*}(S^{-2k}\mathrm{Kokern}\,c^*) \\ \downarrow h_i & & \downarrow H_i^* & & \downarrow h_i \\ \mathrm{Ext}_A^{*,*}(S^{-2k-1}\mathrm{Kern}\,c^*) & \xrightarrow{i_1} & E_1^{*,*}(A[k]) & \xrightarrow{p_2} & \mathrm{Ext}_A^{*,*}(S^{-2k}\mathrm{Kokern}\,c^*) \end{array}$$

ist kommutativ.

Hierbei bezeichnet i_1 (bzw. p_2) die offensichtliche Inklusion (bzw. Projektion), h_i steht für die Multiplikation mit $h_i \in \mathrm{Ext}_A^{1,*}(\mathbb{Z}/2)$ (siehe 6.9), und H_i^* ist der in 6.7 definierte Homomorphismus, der auf $E_2^{*,*}(A[k])$ die Multiplikation mit h_i induziert.

<u>Beweis</u>:

Es seien $S^{-2k-1}\mathrm{Kern}\,c^* \xleftarrow{e} \underline{M}$ und $S^{-2k}\mathrm{Kokern}\,c^* \xleftarrow{e} \underline{N}$ minimale, freie Auflösungen. Durch Yoneda-Komposition der exakten Sequenz

$$0 \leftarrow S^{-2k-1}\mathrm{Kern}\,c^* \leftarrow H^*(S^{-2k}A[k];\mathbb{Z}/2) \xleftarrow{b^*} S^{-2k}\mathrm{Kokern}\,c^* \leftarrow 0$$

mit der Auflösung $S^{-2k}\mathrm{Kokern}\,c^* \xleftarrow{e} \underline{N}$ erhält man die exakte Sequenz

$$0 \leftarrow S^{-2k-1}\mathrm{Kern}\,c^* \leftarrow H^*(S^{-2k}A[k];\mathbb{Z}/2) \xleftarrow{b^*\circ e} N_0 \xleftarrow{d} N_1 \leftarrow .$$

Nach Lemma 6.3 gibt es A-Modulhomomorphismen r_s, die das Diagramm

$$\begin{array}{ccccccccc} 0 \leftarrow S^{-2k-1}\mathrm{Kern}\,c^* & \xleftarrow{e} & & M_0 & \xleftarrow{d} & M_1 & \xleftarrow{d} & M_2 & \leftarrow \\ \downarrow \mathrm{id} & & & \downarrow r_0 & & \downarrow r_1 & & \downarrow r_2 & \\ 0 \leftarrow S^{-2k-1}\mathrm{Kern}\,c^* & \leftarrow & H^*(S^{-2k}A[k];\mathbb{Z}/2) & \xleftarrow{b^*\circ e} & & N_0 & \xleftarrow{d} & N_1 & \leftarrow \end{array}$$

kommutativ ergänzen.

Es ist leicht nachzurechnen, daß die Sequenz

$$0 \leftarrow H^*(S^{-2k}A[k];\mathbb{Z}/2) \xleftarrow{e'} M_0 \oplus N_0 \xleftarrow{d'} M_1 \oplus N_1 \xleftarrow{d'} M_2 \oplus N_2 \leftarrow$$

mit $e'(m,n) := r_0(m) + b^* \circ e(n)$, $d'(m,n) := (d(m), r_s(m) - d(n))$ exakt ist.

Für den zu dieser Auflösung gehörenden E_1-Term gilt:

$$E_1^{s,t}(S^{-2k}A[k]) = \mathrm{Hom}_A^t(M_s \oplus N_s, \mathbb{Z}/2) = \mathrm{Hom}_A^t(M_s, \mathbb{Z}/2) \oplus \mathrm{Hom}_A^t(N_s, \mathbb{Z}/2) =$$

$$\mathrm{Ext}_A^{s,t}(S^{-2k-1}\mathrm{Kern}\,c^*) \oplus \mathrm{Ext}_A^{s,t}(S^{-2k}\mathrm{Kokern}\,c^*)$$

Damit ist Teil i) bewiesen.

Zu ii) und iii): Die Kettenabbildungen

$$(M_*,d) \xleftarrow{pr_1} (M_* \oplus N_*,d') \xleftarrow{i_2} (N_*,d)$$

induzieren Homomorphismen der zugehörigen E_1 - Terme:

$$E_1^{*,*}(S^{-2k-1}\mathrm{Kern}\, c^*) \xrightarrow{i_1} E_1^{*,*}(A[k]) \xrightarrow{pr_2} E_1^{*,*}(S^{-2k}\mathrm{Kokern}\, c^*).$$

Aus der Minimalität der Auflösungen $\underline{M}$ und $\underline{N}$ folgt, daß die d_1 - Differentiale auf $E_1^{*,*}(S^{-2k-1}\mathrm{Kern}\, c^*)$ und $E_1^{*,*}(S^{-2k}\mathrm{Kokern}\, c^*)$ trivial sind. Also kann man diese E_1 - Terme mit den entsprechenden Ext - Gruppen identifizieren. Unter dieser Identifikation entspricht der Homomorphismus H_i^* der Multiplikation mit h_i (Satz 6.9).
Damit ist die Kommutativität der Diagramme ii) und iii) gezeigt.

Q.E.D.

Nun zu den Berechnungen der Ext - Gruppen von $S^{-2k-1}\mathrm{Kern}\, c^*$ und $S^{-2k}\mathrm{Kokern}\, c^*$:

Korollar 4.8 und Lemma 4.10 liefern für $k \geq 9$, $0 \leq d \leq 7$, explizite $\mathbb{Z}/2$ - Basen von $(S^{-2k}\mathrm{Kokern}\, c^*)^d$ und $(S^{-2k-1}\mathrm{Kern}\, c^*)^d$. Mit der in 6.18 beschriebenen Methode wurden die folgenden minimalen, fast-freien Auflösungen bis zur Dimension 7 konstruiert (für $k \geq 9$):

$$S^{-2k}\mathrm{Kokern}\, c^* \longleftarrow N_0 \longleftarrow N_1 \longleftarrow N_2 \longleftarrow$$

für $k \equiv 0 \bmod 8$:

$\phi(i_k Sq^4 i_k) \longleftarrow \bar{b}^{0,4}$

für $k \equiv 1 \bmod 8$:

$\phi(i_k Sq^1 i_k) \longleftarrow \bar{b}^{0,1}$ $\quad Sq^1 b^{0,4}, \; Sq^4 \bar{b}^{0,1} \longleftarrow b^{1,5}$ $\quad Sq^2 Sq^1 b^{1,5} \longleftarrow b^{2,8}$

$\phi(i_k Sq^4 i_k) \longleftarrow b^{0,4}$

$\phi(i_k Sq^5 i_k) \longleftarrow b^{0,5}$

für $k \equiv 4 \bmod 8$:

$\phi(i_k Sq^2 i_k) \longleftarrow b^{0,2}$ $\quad Sq^2 b^{0,2} \longleftarrow b^{1,4}$ $\quad Sq^3 b^{1,4} \longleftarrow \bar{b}^{2,7}$

$\phi(i_k Sq^4 i_k) \longleftarrow \bar{b}^{0,4}$

$\phi(i_k Sq^6 i_k) \longleftarrow b^{0,6}$

Für $k \equiv 2 \mod 8$:

$$S^{-2k}\text{Kokern}\, c^* \longleftarrow N_0 \longleftarrow N_1 \longleftarrow$$

$$\phi(i_k Sq^1 i_k) \longleftarrow \bar{b}^{0,1} \qquad Sq^1 b^{0,4} + Sq^2 Sq^1 b^{0,2} + Sq^4 \bar{b}^{0,1} \longleftarrow b^{1,5}$$

$$\phi(i_k Sq^2 i_k) \longleftarrow b^{0,2}$$

$$\phi(i_k Sq^4 i_k) \longleftarrow b^{0,4}$$

$$\phi(i_k Sq^5 i_k) \longleftarrow b^{0,5}$$

$$\phi(i_k Sq^6 i_k) \longleftarrow b^{0,6}$$

Wir benutzen hier die gleiche Darstellungsweise wie in 6.19, mit dem Unterschied, daß in diesen Tabellen nur die Elemente einer A - Basis von N_s und ihre Bilder unter d wiedergegeben sind.

Im Fall von $S^{-2k-1}\text{Kern}\, c^*$ genügt es uns nicht, fast-frei Auflösungen zu kennen, sondern wir benötigen für Berechnungen in §11 die umseitig wiedergegebenen minimalen, freien Auflösungen bis zur Dimension 7. Diese freien Auflösungen wurden aus fast-freien Auflösungen durch das im Beweis von Satz 6.14 beschriebene Auflösen der $A/A\beta$ - Summanden konstruiert.

Hierbei entsteht aus jedem durch einen Querstrich gekennzeichneten Basiselement $\bar{a}^{s,t} \varepsilon (M_s)^t$ ein Rattenschwanz von Basiselementen $h_0^r \bar{a}^{s,t} \varepsilon (M_{s+r})^{t+r}$, $r \varepsilon \mathbb{N}$ (Im Beweis von 6.14 wurden diese Elemente mit $c^r \bar{a}^{s,t}$ bezeichnet, aber die Bezeichnungsweise $h_0^r \bar{a}^{s,t}$ ist suggestiver, da $h_0^r \bar{a}^{s,t}$ dual ist zum Produkt von h_0^r mit $\bar{a}_*^{s,t}$).
Insbesondere sind die Moduln M_s für $s \geqslant 4$ keineswegs trivial, sondern die Elemente der Form $h_0^r \bar{a}^{s-r,t}$ mit $0 \leqslant s-r \leqslant 3$ bilden eine A - Basis von M_s. Das Differential auf diesen Elementen hat die Form

$$d(h_0^r \bar{a}^{s,t}) = Sq^1 h_0^{r-1} \bar{a}^{s,t} \quad .$$

Satz 6.14 erlaubt es, an diesen Auflösungen die Ext - Gruppen von $S^{-2k-1}\text{Kern}\, c^*$ und $S^{-2k}\text{Kokern}\, c^*$ abzulesen, und man erhält:

<u>7.6 Satz:</u>

Die folgenden Diagramme zeigen

$\text{Ext}_A^{s,t}(S^{-2k-1}\text{Kern}\, c^*) \oplus \text{Ext}_A^{s,t}(S^{-2k}\text{Kokern}\, c^*)$ für $k \geqslant 9$, $t-s < 7$:

$$S^{-2k-1}\mathrm{Kern}\,c^* \xleftarrow{\;e\;} M_0 \xleftarrow{\;d\;} M_1 \xleftarrow{\;d\;} M_2 \xleftarrow{\;d\;} M_3 \leftarrow$$

für $k \equiv 0 \mod 8$:

$Sq^{k+1} j_k \leftarrow \bar{a}^{0,0}$	$Sq^1 \bar{a}^{0,0} \leftarrow h_0 \bar{a}^{0,0}$	$Sq^1 h_0 \bar{a}^{0,0} \leftarrow h_0^2 \bar{a}^{0,0}$	$Sq^1 h_0^2 \bar{a}^{0,0} \leftarrow h_0^3 \bar{a}^{0,0}$
$Sq^{k+2} j_k \leftarrow a^{0,1}$	$Sq^2 \bar{a}^{0,0} \leftarrow a^{1,2}$	$Sq^2 a^{1,2} + Sq^3 h_0 \bar{a}^{0,0} \leftarrow a^{2,4}$	$Sq^1 a_2^{2,5} + Sq^2 a^{2,4} + Sq^4 h_0^2 \bar{a}^{0,0} \leftarrow a^{3,6}$
$Sq^{k+4} j_k \leftarrow a^{0,3}$	$Sq^2 a^{0,1} \leftarrow a^{1,3}$	$Sq^1 a_1^{1,4} + Sq^2 a^{1,3} \leftarrow a_1^{2,5}$	
	$Sq^1 a^{0,3} + Sq^2 Sq^1 a^{0,1} \leftarrow a_1^{1,4}$		
	$Sq^4 \bar{a}^{0,0} \leftarrow a_2^{1,4}$	$Sq^1 a_2^{1,4} + Sq^2 Sq^1 a^{1,2} + Sq^4 h_0 \bar{a}^{0,0} \leftarrow a_2^{2,5}$	
	$Sq^4 a^{0,1} \leftarrow a^{1,5}$		
	$Sq^4 a^{0,3} \leftarrow a^{1,7}$	$Sq^4 a_2^{1,4} + Sq^6 a^{1,2} \leftarrow a^{2,8}$	

für $k \equiv 1 \mod 8$:

$Sq^{k+1} j_k \leftarrow a^{0,0}$	$Sq^3 a^{0,0} \leftarrow \bar{a}^{1,3}$	$Sq^1 \bar{a}^{1,3} \leftarrow h_0 \bar{a}^{1,3}$	$Sq^1 h_0 \bar{a}^{1,3} \leftarrow h_0^2 \bar{a}^{1,3}$
$Sq^{k+3} j_k \leftarrow a^{0,2}$	$Sq^4 a^{0,0} \leftarrow a^{1,4}$	$Sq^5 \bar{a}^{1,3} \leftarrow \bar{a}^{2,8}$	$Sq^1 \bar{a}^{2,8} \leftarrow h_0 \bar{a}^{2,8}$
$Sq^{k+7} j_k \leftarrow a^{0,6}$	$(Sq^4 + Sq^3 Sq^1) a^{0,2} \leftarrow a^{1,6}$		

für $k \equiv 2 \mod 8$:

$Sq^{k+1} j_k \leftarrow \bar{a}^{0,0}$	$Sq^1 \bar{a}^{0,0} \leftarrow h_0 \bar{a}^{0,0}$	$Sq^1 h_0 \bar{a}^{0,0} \leftarrow h_0^2 \bar{a}^{0,0}$	$Sq^1 h_0^2 \bar{a}^{0,0} \leftarrow h_0^3 \bar{a}^{0,0}$
$Sq^{k+2} j_k \leftarrow a^{0,1}$	$Sq^5 \bar{a}^{0,0} \leftarrow \bar{a}^{1,5}$	$Sq^1 \bar{a}^{1,5} \leftarrow h_0 \bar{a}^{1,5}$	$Sq^1 h_0 \bar{a}^{1,5} \leftarrow h_0^2 \bar{a}^{1,5}$
$Sq^{k+6} j_k \leftarrow a^{0,5}$	$Sq^6 \bar{a}^{0,0} \leftarrow a^{1,6}$	$Sq^2 \bar{a}^{1,5} + Sq^6 h_0 \bar{a}^{0,0} \leftarrow a^{2,7}$	$Sq^2 a^{2,7} + Sq^3 h_0 \bar{a}^{1,5} + Sq^7 h_0^2 \bar{a}^{0,0} \leftarrow a^{3,9}$
	$Sq^6 a^{0,1} \leftarrow a^{1,7}$	$Sq^2 a^{1,6} + Sq^7 h_0 \bar{a}^{0,0} \leftarrow a^{2,8}$	

für $k \equiv 4 \mod 8$:

$Sq^{k+1} j_k \leftarrow \bar{a}^{0,0}$	$Sq^1 \bar{a}^{0,0} \leftarrow h_0 \bar{a}^{0,0}$	$Sq^1 h_0 \bar{a}^{0,0} \leftarrow h_0^2 \bar{a}^{0,0}$	$Sq^1 h_0^2 \bar{a}^{0,0} \leftarrow h_0^3 \bar{a}^{0,0}$
$Sq^{k+2} j_k \leftarrow a^{0,1}$	$Sq^2 \bar{a}^{0,0} \leftarrow a^{1,2}$	$Sq^2 a^{1,2} + Sq^3 h_0 \bar{a}^{0,0} \leftarrow a^{2,4}$	$Sq^3 a^{2,4} + Sq^5 h_0^2 \bar{a}^{0,0} \leftarrow \bar{a}^{3,7}$
$Sq^{k+4} j_k \leftarrow a^{0,3}$	$Sq^2 a^{0,1} \leftarrow a^{1,3}$	$Sq^1 a^{1,4} + Sq^2 a^{1,3} \leftarrow a^{2,5}$	
	$Sq^1 a^{0,3} + Sq^2 Sq^1 a^{0,1} \leftarrow a^{1,4}$		

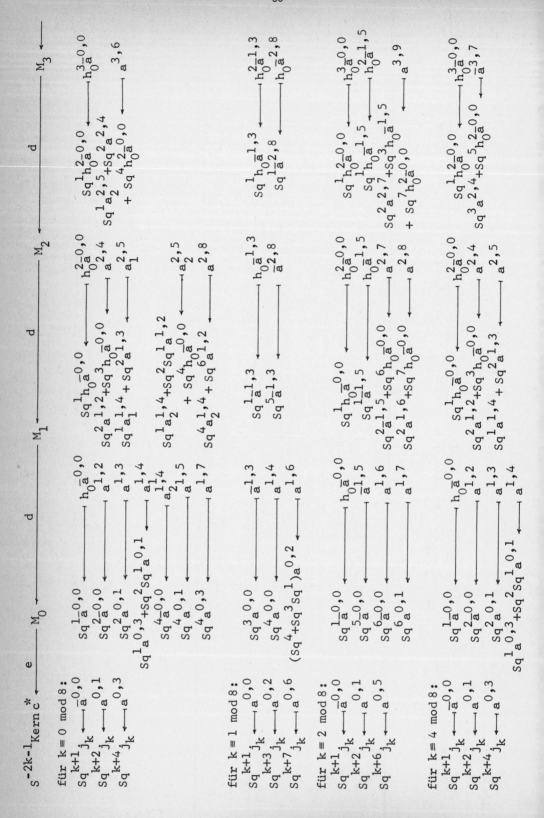

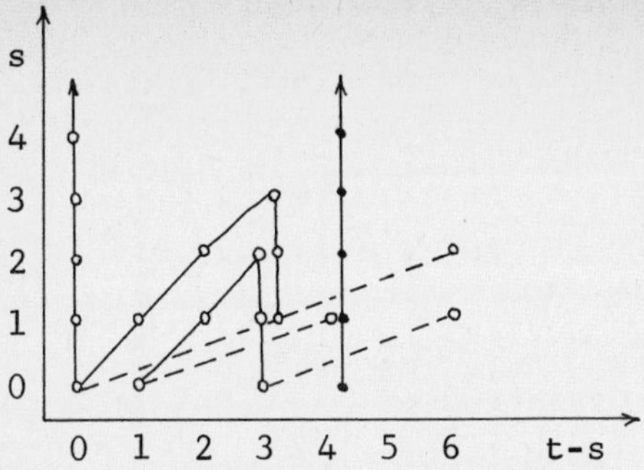

k ≡ 0 mod 8

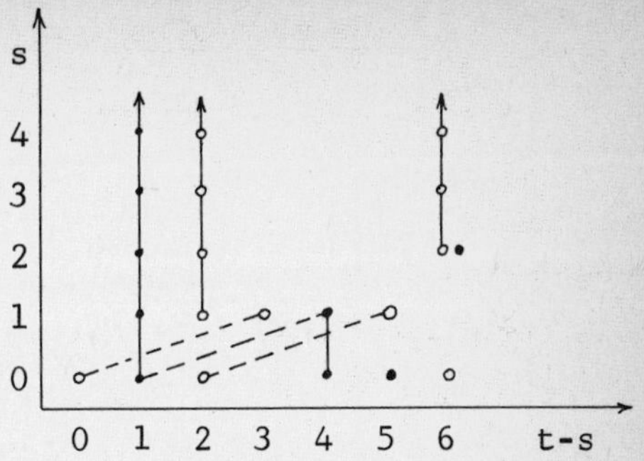

k ≡ 1 mod 8

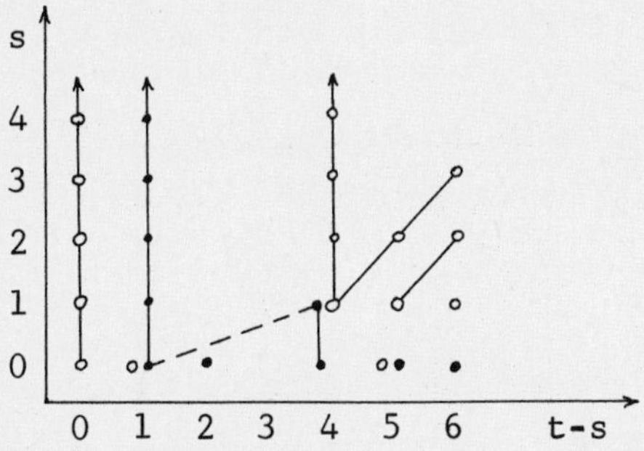

k ≡ 2 mod 8

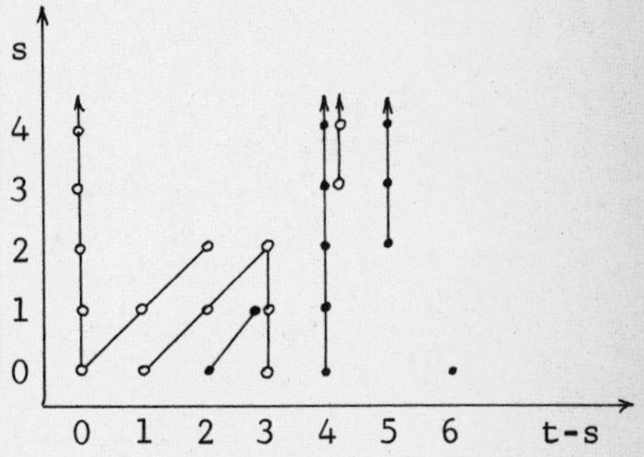

k ≡ 4 mod 8

Hierbei steht ∘ für ein Basiselement von $\mathrm{Ext}_A^{s,t}(S^{-2k-1}\mathrm{Kern}\, c^*)$,

und • für ein Basiselement von $\mathrm{Ext}_A^{s,t}(S^{-2k}\mathrm{Kokern}\, c^*)$.

Die in den Diagrammen wiedergegebene multiplikative Struktur ist die komponentenweise Multiplikation mit h_i. Darüberhinaus benutzen wir die am Ende von §6 erläuterte Darstellungsweise.

§8 Geometrische Invarianten für Elemente der Filtrierung null

8.1 Notation:

Wenn M eine fast geschlossene, (k-1)-zusammenhängende Mannigfaltigkeit der Dimension m ist, schreiben wir $T(M) \varepsilon \pi_m(A[k])$ für das Bild der Bordismusklasse von M unter dem Homomorphismus

$$A_m^{<k>} \xrightarrow{\bar{\eta}} \Omega_m^{<k>,fr}/\text{Bild}\,\bar{J} \xrightarrow{(pr \circ b_*)^{-1}} \pi_m(A[k]).$$

Die Eigenschaft 5.2 vi) der Adams - Spektralsequenz zeigt, daß man Elemente der Filtrierung null in $\pi_*(A[k])$ modulo Elementen höherer Filtrierung durch die induzierte Abbildung in der Kohomologie charakterisieren kann.

Das Hauptresultat dieses Paragraphen ist Satz 8.3, der eine Beziehung zwischen geometrischen Eigenschaften fast geschlossener, (k-1)-zusammenhängender Mannigfaltigkeiten M der Dimension m und der induzierten Abbildung $T(M)^*: H^*(A[k];\mathbb{Z}/2) \longrightarrow H^*(S^m;\mathbb{Z}/2)$ herstellt.

8.2 Konstruktion einer charakteristischen Klasse $n_k \varepsilon H^k(M,\partial M;\mathbb{Z}/2)$ für $k>2$, $k \equiv 0,1,2,4 \bmod 8$:

Es sei M eine (k-1)-zusammenhängende, fast geschlossene Mannigfaltigkeit der Dimension m ($k>2$, $k\equiv 0,1,2,4 \bmod 8$). Aus dem Einbettungssatz von Haefliger (siehe 9.6) folgt, daß sich jedes Element von $\pi_k(M)$ durch eine eingebettete Sphäre repräsentieren läßt, und daß zwei zur gleichen Homotopieklasse gehörende Einbettungen regulär homotop sind. Also ist die Abbildung

$$\nu : \pi_k(M) \longrightarrow \pi_{k-1}(SO_{m-k}),$$

die einer Einbettung $S^k \hookrightarrow M$ ihr Normalenbündel zuordnet, wohldefiniert.

Aus der Additionsformel von Wall (siehe 9.7 ii) a)) folgt, daß die Komposition von ν mit der Stabilisierungsabbildung $s: \pi_{k-1}(SO_{m-k}) \longrightarrow \pi_{k-1}(SO)$ ein Homomorphismus ist.

Deshalb läßt sich die Komposition

$$n_k: H_k(M,\partial M;\mathbb{Z}) \cong \pi_k(M) \xrightarrow{\nu} \pi_{k-1}(SO_{m-s}) \xrightarrow{s} \pi_{k-1}(SO) \xrightarrow{pr} \mathbb{Z}/2$$

als Kohomologieklasse in $H^k(M,\partial M;\mathbb{Z}/2)$ interpretieren.

Vor der Formulierung von Satz 8.3 sei daran erinnert, daß sich die Kohomologie von $A[k]$ mithilfe der von der Kofaserung

$$A[k] \xrightarrow{b} MO[k]/S^0 \xrightarrow{c} bo\langle k\rangle$$

induzierten langen exakten Sequenz

$$\longleftarrow H^{q+1}(bo\langle k\rangle) \xleftarrow{\delta} H^q(A[k]) \xleftarrow{b^*} H^q(MO[k]/S^0) \longleftarrow$$

beschreiben läßt.

<u>8.3 Satz</u>:

Es sei M eine (k-1)-zusammenhängende, fast geschlossene Mannigfaltigkeit der Dimension 2k+d mit $k>2$, $k\equiv 0,1,2,4 \bmod 8$.

i) Für $a = b^*\phi(i_k Sq^d i_k) \in H^{2k+d}(A[k];\mathbb{Z}/2)$ gilt:

$$T(M)^*(a) \neq 0 \iff \langle n_k Sq^d n_k, [M,\partial M]\rangle \neq 0$$

($\langle\ \ , [M,\partial M]\rangle$ = Kroneckerprodukt mit der Fundamentalklasse $[M,\partial M] \in H_m(M,\partial M;\mathbb{Z}/2)$).

ii) Wenn die zu $n_k \in H^k(M,\partial M;\mathbb{Z}/2)$ duale Homologieklasse durch eine eingebettete (k+d)-dimensionale Sphäre mit Normalenbündel β^k repräsentiert wird, sodaß die Whitneysumme von β mit dem d-dimensionalen trivialen Vektorbündel das Tangentialbündel von S^{k+d} ist, dann gilt für $k+d \neq 1,3,7$ und $k+d+1 < 2^{h(k)-1}$:

$$T(M)^*(a) \neq 0 \quad \text{für} \quad a \in \delta^{-1}(Sq^{k+d+1} j_k) \subset H^{2k+d}(A[k];\mathbb{Z}/2)$$

(Hierbei ist $h(k) := \#\{s \in \mathbb{N} \,/\, 0 < s \leq k,\ s \equiv 0,1,2,4 \bmod 8\}$ (vgl. §4)).

<u>8.4 Beispiel</u>

einer (k-1)-zusammenhängenden, fast geschlossenen Mannigfaltigkeit der Dimension 2k+3 mit $k \equiv 0 \bmod 8$, $k > 8$, die den Voraussetzungen von Satz 8.3 ii) genügt (dieses Beispiel spielt bei der Berechnung der Differentiale in §11 eine Rolle):

Die (k+3)-dimensionale Sphäre hat für $k \equiv 0 \bmod 8$ drei linear unabhängige Vektorfelder (siehe z.B. [Husemoller, 11.8]). Anders ausgedrückt:

Es gibt ein k-dimensionales Vektorbündel β über S^{k+3} mit $\beta\oplus\varepsilon^3=\tau$ (ε = triviales Vektorbündel, τ = Tangentialbündel von S^{k+3}).
Es sei α ein (k+3)-dimensionales Vektorbündel über S^k, das einen Erzeuger von $\pi_k(BO)$ repräsentiert. Die (k-1)-zusammenhängende, fast geschlossene Mannigfaltigkeit, die durch Plumben der Scheibenbündel von α und β entsteht, bezeichnen wir mit $P(\alpha,\beta)$ (vgl. 10.2).
Die zu n_k Poincaré - duale Homologieklasse wird durch die Einbettung $e_\beta: S^{k+3} \hookrightarrow P(\alpha,\beta)$ der Seele von β repräsentiert. Das Normalenbündel dieser Einbettung ist β, sodaß $P(\alpha,\beta)$ die Voraussetzungen von 8.3 ii) erfüllt.

8.5 Erinnerung:

Vor dem Beweis von 8.3 sei daran erinnert, daß die Spektrenabbildung $b\circ T(M)\colon S^m \longrightarrow MO[k]/S^0$ durch eine Komposition von Spektrenabbildungen

$$S^m \xrightarrow{t_M} M(\nu,\nu|_{\partial M}) \xrightarrow{M(\bar{g})} MO[k]/S^0$$

repräsentiert wird (vgl. §§2 und 3). Hierbei bezeichnet $M(\nu,\nu|_{\partial M})$ das relative Thom - Spektrum des stabilen Normalenbündels von M, definiert durch

$$M(\nu,\nu|_{\partial M})_r := T(\nu^r)/T(\nu^r|_{\partial M}) \; .$$

t_M ist die Thom - Abbildung für Spektren, induziert von der in 2.1 beschriebenen Thom - Abbildung

$$t_M\colon S^{m+r} \longrightarrow T(\nu^r)/T(\nu^r|_{\partial M}) \; .$$

$M(\bar{g})$ wird von dem Vektorbündelmorphismus $\bar{g}\colon \nu^r \longrightarrow \bar{\gamma}^r$ induziert, der über der klassifizierenden Abbildung $g\colon (M,\partial M) \longrightarrow (BO\langle k\rangle,*)$ des stabilen Normalenbündels von M liegt.

8.6 Lemma:

Es sei $\phi\colon \tilde{H}^*(BO\langle k\rangle;\mathbb{Z}/2) \longrightarrow H^*(MO[k]/S^0;\mathbb{Z}/2)$ der Thom - Isomorphismus, und $a\in H^m(BO\langle k\rangle;\mathbb{Z}/2)$. Dann gilt:

$$T(M)^*b^*\phi(a)\neq 0 \iff \langle g^*a,[M,\partial M]\rangle \neq 0 \; .$$

Beweis:

Aus der Natürlichkeit des Thomisomorphismus ergibt sich die Kommutativität des folgenden Diagrammes von Kohomologiegruppen mit $\mathbb{Z}/2$ - Koeffizienten:

$$\begin{array}{ccccc} H^m(S^m) & \xrightarrow{t_M^*} & H^m(M(\nu,\nu_{|\partial M})) & \xrightarrow{M(\bar{g})^*} & H^m(MO[k]/S^0) \\ & & \phi \uparrow \cong & & \phi \uparrow \cong \\ & & H^m(M,\partial M) & \xrightarrow{g^*} & H^m(BO\langle k\rangle) \end{array}$$

Wegen $b\circ T(M) = M(\bar{g})\circ t_M$ folgt:

$T(M)^* b^* \phi(a) \neq 0 \iff t_M^* M(\bar{g})^* \phi(a) \neq 0 \iff t_M^* \phi(g^* a) \neq 0 \iff$

$\langle g^* a, [M,\partial M]\rangle \neq 0$

Q.E.D.

Der erste Teil des Satzes 8.3 ergibt sich aus Lemma 8.6 und der folgenden Charakterisierung von $n_k \in H^k(M,\partial M;\ \mathbb{Z}/2)$:

<u>8.7 Lemma</u>:

Es sei $i_k \in H^k(BO\langle k\rangle;\ \mathbb{Z}/2)$ das erzeugende Element. Dann gilt $n_k = g^* i_k$.

<u>Beweis</u>:

Die Kohomologieklasse n_k ist nach Konstruktion (siehe 8.2) durch folgende Eigenschaft charakterisiert:

Für alle Einbettungen $j\colon S^k \hookrightarrow M$ gilt $\langle j^* n_k, [S^k]\rangle = 0$ genau dann, wenn das Normalenbündel $\nu(j)$ der Einbettung j stabil trivial mod 2 ist.

Also ist zu zeigen, daß die Kohomologieklasse $g^* i_k$ ebenfalls diese Eigenschaft hat. Aus der Bündelgleichung

$$\varepsilon^{m+r} \cong \tau S^k \oplus \nu(j\colon S^k \hookrightarrow M) \oplus \nu(M, D^{m+r})_{|S^k} \cong \tau S^k \oplus \nu(j\colon S^k \hookrightarrow M) \oplus j^* g^* \bar{\gamma}^r$$

folgt:

$\nu(j\colon S^k \hookrightarrow M)$ ist stabil trivial mod 2

$\iff$ $j^* g^* \bar{\gamma}^r$ ist stabil trivial mod 2

$\iff$ die Komposition $S^k \xrightarrow{j} M \xrightarrow{g} BO\langle k\rangle \xrightarrow{i_k} K(\mathbb{Z}/2,k)$ ist nullhomotop

$\iff$ $\langle j^* g^* i_k, [S^k]\rangle = 0$.

Also gilt $n_k = g^* i_k$.

Q.E.D.

Zum Beweis des zweiten Teiles von Satz 8.3 stellen wir eine Beziehung her zwischen der von $T(M): S^m \longrightarrow A[k]$ induzierten Abbildung und einer funktionalen Kohomologieoperation, angewendet auf die Komposition $b \circ T(M): S^m \longrightarrow MO[k]/S^0$.

8.8 Definition funktionaler Kohomologieoperationen

Es sei $f: X \longrightarrow Y$ eine Spektrenabbildung, C_f der Abbildungskegel von f, und $\theta \in A$ ein Element der mod p - Steenrodalgebra. Eine Diagrammjagd in dem kommutativen Diagramm

$$\begin{array}{ccccccccc}
H^n(X) & \xleftarrow{f^*} & H^n(Y) & \xleftarrow{p^*} & H^n(C_f) & \xleftarrow{\delta} & H^{n-1}(X) & \xleftarrow{f^*} & H^{n-1}(Y) \\
\downarrow{\scriptstyle\theta} & & \downarrow{\scriptstyle\theta} & & \downarrow{\scriptstyle\theta} & & \downarrow{\scriptstyle\theta} & & \downarrow{\scriptstyle\theta} \\
H^{n+t}(X) & \xleftarrow{f^*} & H^{n+t}(Y) & \xleftarrow{p^*} & H^{n+t}(C_f) & \xleftarrow{\delta} & H^{n+t-1}(X) & \xleftarrow{f^*} & H^{n+t-1}(Y)
\end{array}$$

zeigt, daß es zu jedem $u \in H^n(Y)$ mit $f^*u = 0$ und $\theta u = 0$ Elemente $u' \in H^n(C_f)$ und $u'' \in H^{n+t-1}(X)$ existieren mit $p^*u' = u$, $\delta(u'') = \theta(u')$, und daß

$$\begin{array}{rcl}
\theta_f: \operatorname{Kern} f^* \cap \operatorname{Kern}\theta & \longrightarrow & H^{n+t-1}(X)/f^*(H^{n+t-1}(Y) + \theta(H^{n-1}(X)) \\
u & \longmapsto & [u'']
\end{array}$$

ein wohldefinierter Homomorphismus ist.

θ_f heißt <u>funktionale Kohomologieoperation</u>, die Untergruppe $f^*(H^{n+t-1}(Y)) + \theta(H^{n-1}(X))$ bezeichnet man als <u>Unbestimmtheit</u> von θ_f.

8.9 Lemma:

Es sei $a \in \delta^{-1}(Sq^{k+d+1} j_k) \subset H^{2k+d}(A[k]; \mathbb{Z}/2)$. Dann gilt:

$$T(M)^*(a) \equiv Sq^{k+d+1}_{b\circ T(M)}(\phi(i_k))$$

modulo der Unbestimmtheit dieser funktionalen Kohomologieoperation.

<u>Beweis</u>:

Durch Leiterergänzung konstruieren wir ein homotopiekommutatives Diagramm

$$\begin{array}{ccccccccc}
S^{2k+d} & \xrightarrow{b\circ T(M)} & MO[k]/S^0 & \xrightarrow{p} & C_{b\circ T(M)} & \longrightarrow & S^{2k+d+1} & \longrightarrow & SMO[k]/S^0 \\
\downarrow{\scriptstyle T(M)} & & \downarrow{\scriptstyle id} & & \downarrow{\scriptstyle g} & & \downarrow{\scriptstyle T(M)} & & \downarrow{\scriptstyle id} \\
A[k] & \xrightarrow{b} & MO[k]/S^0 & \xrightarrow{c} & bo[k] & \longrightarrow & SA[k] & \longrightarrow & SMO[k]/S^0
\end{array}$$

und können nun $Sq^{k+d+1}_{b\circ T(M)}(\phi(i_k))$ bestimmen:
Nach Lemma 4.6 i) gilt $c^*(j_k) = \phi(i_k) \varepsilon H^k(MO[k]/S^0; \mathbb{Z}/2)$, also läßt sich $\phi(i_k)$ liften zu $g^* j_k \varepsilon H^k(C_{b\circ T(M)}; \mathbb{Z}/2)$. Aus

$$\delta(T(M)^*(a)) = g^*\delta(a) = g^*(Sq^{k+d+1} j_k) = Sq^{k+d+1}(g^* j_k)$$

folgt dann $Sq^{k+d+1}_{b\circ T(M)}(\phi(i_k)) = T(M)^*(a)$ modulo Unbestimmtheit.

Q.E.D.

Das folgende Lemma von Browder zeigt, wie man das Tangentialbündel der Sphäre S^k, $k \neq 1,3,7$, mithilfe der zu Sq^{k+1} gehörenden funktionalen Kohomologieoperation entdecken kann:

<u>8.10 Lemma ([Browder 2, Lemma 3.3])</u>:

Es sei τ^k das Tangentialbündel von S^k, $k \neq 1,3,7$, und $t: S^{2k+r} \longrightarrow T(\tau) \wedge S^r$ eine Abbildung, die einen Isomorphismus $t^*: H^{2k+r}(T(\tau) \wedge S^r; \mathbb{Z}/2) \longrightarrow H^{2k+r}(S^{2k+r}; \mathbb{Z}/2)$ induziert. Weiterhin sei $U: T(\tau) \longrightarrow K(\mathbb{Z}/2,k)$ die Thomklasse, und h die Komposition

$$S^{2k+r} \xrightarrow{\;t\;} T(\tau) \wedge S^r \xrightarrow{\;U \wedge id\;} K(\mathbb{Z}/2,k) \wedge S^r.$$

Dann gilt $Sq^{k+1}_h(\iota_k \otimes \sigma^r) \neq 0$ mit verschwindender Unbestimmtheit.
(σ^r:= erzeugendes Element von $H^r(S^r; \mathbb{Z}/2)$).

<u>8.11 Korollar</u>:

Es sei β^k ein k-dimensionales Vektorbündel über S^{k+d}, $k+d \neq 1,3,7$, mit $\beta^k \oplus \varepsilon^d = \tau^{k+d}$, und $t: S^{2k+d+r} \longrightarrow T(\beta) \wedge S^r$ eine Abbildung, die einen Isomorphismus

$$t^*: H^{2k+d+r}(T(\beta) \wedge S^r; \mathbb{Z}/2) \longrightarrow H^{2k+d+r}(S^{2k+d+r}; \mathbb{Z}/2)$$

induziert. Weiterhin sei $U: T(\beta) \longrightarrow K(\mathbb{Z}/2,k)$ die Thomklasse, und $h := (U \wedge id) \circ t: S^{2k+d+r} \longrightarrow K(\mathbb{Z}/2,k) \wedge S^r$.
Dann gilt $Sq^{k+d+1}_h(\iota_k \otimes \sigma^r) \neq 0$ mit verschwindender Unbestimmtheit.

<u>Beweis des Korollars</u>:

Zwischenbehauptung: $U^*: H^q(K(\mathbb{Z}/2,k); \mathbb{Z}/2) \longrightarrow H^q(T(\beta); \mathbb{Z}/2)$ ist die Nullabbildung für $q \neq k$.

Beweis: Aus $\beta \oplus \varepsilon^{d+1} = \tau \oplus \varepsilon = \varepsilon^{k+d+1}$ folgt $S^{d+1}T(\beta) = T(\beta \oplus \varepsilon^{d+1}) =$

$S^{k+d+1} \vee S^{2(k+d)+1}$.

Weil die Steenrod - Squares <u>stabile</u> Kohomologieoperationen sind, folgt weiter $U^*(Sq^I \iota_k) = Sq^I U = 0$ für $I \neq 0$.
Hieraus ergibt sich die Zwischenbehauptung, denn $H^*(K(\mathbb{Z}/2,k);\mathbb{Z}/2)$ wird als Algebra von den Elementen der Form $Sq^I \iota_k$ erzeugt.

Aus der Zwischenbehauptung folgt, daß die von h induzierte Abbildung in $\mathbb{Z}/2$ - Kohomologie ebenfalls die Nullabbildung ist. Also verschwindet die Unbestimmtheit.
Zur Berechnung von $Sq_h^{k+d+1}(\iota_k \otimes \sigma^r)$ benutzen wir das folgende kommutative Diagramm:

$$\begin{array}{ccccc}
S^d \wedge S^{2k+d+r} & \xrightarrow{id \wedge t} & S^d \wedge T(\beta) \wedge S^r & \xrightarrow{id \wedge U_\beta \wedge id} & S^d \wedge K(\mathbb{Z}/2,k) \wedge S^r \\
 & & \Big\downarrow id & & \Big\downarrow (\sigma^d \otimes \iota_k) \wedge id \\
 & & T(\tau) \wedge S^r & \xrightarrow{U_\tau \wedge id} & K(\mathbb{Z}/2,k+d) \wedge S^r
\end{array}$$

Aus der Verträglichkeit mit Suspensionen, der Natürlichkeit funktionaler Kohomologieoperationen, der Kommutativität des obigen Diagrammes, und Lemma 8.10 ergibt sich dann:

$$Sq_h^{k+d+1}(\iota_k \otimes \sigma^r) = Sq_{id \wedge h}^{k+d+1}(\sigma^d \otimes \iota_k \otimes \sigma^r) = Sq_{((\sigma^d \otimes \iota_k) \wedge id) \circ (id \wedge h)}^{k+d+1}(\iota_{k+d} \otimes \sigma^r) =$$

$$Sq_{(U_\tau \wedge id) \circ (id \wedge t)}^{k+d+1}(\iota_{k+d} \otimes \sigma^r) \neq 0$$

Q.E.D.

Mit dem folgenden Lemma ist, unter Verwendung von 8.9, auch der zweite Teil des Satzes 8.3 bewiesen:

<u>8.12 Lemma</u>:

Unter den Voraussetzungen von Teil ii) des Satzes 8.3 verschwindet die Unbestimmtheit der Operation $Sq_{b \circ T(M)}^{k+d+1}(\phi(i_k))$, und es gilt $Sq_{b \circ T(M)}^{k+d+1}(\phi(i_k)) \neq 0$.

Die Beweisidee besteht darin, die Operation $Sq_{b \circ T(M)}^{k+d+1}$ mit einer anderen Operation zu vergleichen, deren Nichttrivialität durch Korollar 8.11

sichergestellt ist.

Dazu benutzen wir das folgende homotopiekommutative Diagramm:

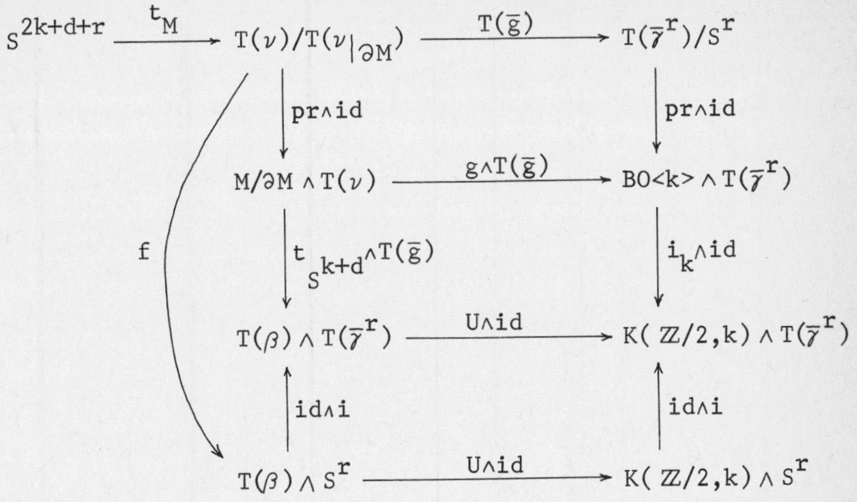

Erläuterungen:

$pr \wedge id$ wird von der Abbildung proj. x id: $D(\nu) \longrightarrow M \times D(\nu)$ induziert

$t_{S^{k+d}}$: $M/\partial M \longrightarrow T(\nu)$ ist die Thom-Abbildung zu der Einbettung $S^{k+d} \hookrightarrow M^{2k+d}$ mit k-dimensionalem Normalenbündel

U: $T(\beta) \longrightarrow K(\mathbb{Z}/2,k)$ ist die Thomklasse

i: $S^r \longrightarrow T(\bar{\gamma}^r)$ bezeichnet die Inklusion der 'Faser' über dem Basispunkt

f: $T(\nu)/T(\nu|_{\partial M}) \longrightarrow T(\beta) \wedge S^r$ ist eine Faktorisierung der Komposition $(t_{S^{k+d}} \wedge T(g)) \circ (pr \wedge id)$.

Zur Existenz von f:

Aus der Bündelgleichung $\tau_{S^{k+d}} \oplus \beta^k \oplus \nu^r|_{S^{k+d}} \cong \varepsilon^{2k+d+r}$ folgt, daß $\nu^r|_{S^{k+d}}$ stabil trivial ist. Also kann man o.B.d.A. annehmen, daß die klassifizierende Abbildung g: $(M,\partial M) \longrightarrow (BO\langle k\rangle,*)$ eine Tubenumgebung von S^{k+d} auf den Basispunkt abbildet. Das bedeutet, daß obige Komposition nur Werte in $T(\beta) \wedge S^r \subset T(\beta) \wedge T(\gamma)$ annimmt.

Zur Kommutativität des Diagrammes:

Die Kommutativität des linken und des unteren Teildiagrammes ist klar nach Konstruktion. Das obere Rechteck kommutiert, weil $\bar{g}$ eine Bündel-

abbildung über g ist. Zur Kommutativität des mittleren Rechtecks ist zu zeigen: $i_k \circ g = U \circ t_S k{+}d \ : M/\partial M \longrightarrow K(\mathbb{Z}/2,k)$.
Nach Voraussetzung ist die von der Einbettung $S^{k+d} \hookrightarrow M$ repräsentierte Homologieklasse Poincaré - dual zu n_k, d.h. es gilt $U \circ t_S k{+}d = n_k$. Nach Lemma 8.7 gilt $n_k = g^* i_k = i_k \circ g$, womit die Kommutativität bewiesen ist.

Zwischenbehauptung:

Die funktionale Kohomologieoperation $Sq_{h_i}^{k+d+1}(z_i)$ ist für die folgenden Abbildungen h_i und Kohomologieklassen z_i ohne Unbestimmtheit definiert:

i) $h_1 = b \circ T(M) = T(\bar{g}) \circ t_M$ $\qquad z_1 = \phi(i_k) \in H^{k+r}(T(\bar{\gamma})/S^r)$

ii) $h_2 = (i_k \wedge id) \circ (pr \wedge id) \circ T(\bar{g}) \circ t_M$ $\qquad z_2 = \iota_k \otimes U_{\bar{\gamma}} \in H^{k+r}(K(\mathbb{Z}/2,k) \wedge T(\bar{\gamma}))$

iii) $h_3 = (U \wedge id) \circ f \circ t_M$ $\qquad z_3 = \iota_k \otimes \sigma^r \in H^{k+r}(K(\mathbb{Z}/2,k) \wedge S^r)$

(alle Kohomologiegruppen mit $\mathbb{Z}/2$ - Koeffizienten; $U_{\bar{\gamma}} \in H^r(T(\bar{\gamma}))$ Thomklasse; $\sigma^r \in H^r(S^r)$ erzeugendes Element)

Beweis der Zwischenbehauptung:

$$Sq^{k+d+1}(\iota_k \otimes U_{\bar{\gamma}}) = \sum_{s+t=k+d+1} Sq^s \iota_k \otimes Sq^t U_{\bar{\gamma}} = 0, \text{ da } Sq^t U_{\bar{\gamma}} = 0 \text{ für}$$

$t \leq k+d+1 < 2^{h(k)-1}$ (folgt aus Lemma 4.5 iv)). Also ist die Operation auf der Klasse z_2 definiert, und damit auch auf den Klassen z_1 und z_3, die man als Pullbacks von z_2 erhält.

Zur Unbestimmtheit:

Nach Korollar 8.11 verschwindet die Unbestimmtheit der Operation $Sq_{h_3}^{k+d+1}(z_3)$, d.h. die induzierte Abbildung h_3^* ist Null. Dann gilt auch $h_2^* = 0$ und $h_1^* = 0$, denn $h_2 = (id \wedge i) \circ h_3$, $(pr \wedge id) \circ (i_k \wedge id) \circ h_1 = h_2$, und der Homomorphismus

$$((pr \wedge id) \circ (i_k \wedge id))^* : H^{2k+d+r}(K(\mathbb{Z}/2,k) \wedge T(\bar{\gamma})) \longrightarrow H^{2k+d+r}(T(\bar{\gamma})/S^r)$$

ist surjektiv (folgt aus Satz 4.4).
Damit ist die Zwischenbehauptung bewiesen.

Weil die Komposition $f \circ t_M$ einen Isomorphismus in der 2k+d+r - dimensionalen Kohomologie induziert, gilt wegen Korollar 8.11 $Sq_{h_3}^{k+d+1}(z_3) \neq 0$.

Die Kommutativität des Diagrammes und die Natürlichkeit funktionaler Kohomologieoperationen ausnutzend folgt:

$$Sq_{b \circ T(M)}^{k+d+1}(\phi(i_k)) = Sq_{h_1}^{k+d+1}(z_1) = Sq_{h_2}^{k+d+1}(z_2) = Sq_{h_3}^{k+d+1}(z_3) \neq 0$$

Q.E.D.

§9 Geometrische Konstruktionen

Bevor das Hauptresultat dieses Paragraphen, der Satz 9.2, formuliert werden kann, müssen einige Begriffe und Notationen eingeführt werden.

9.1 Konventionen, Definitionen und Notationen

i) Wir identifizieren q-dimensionale Vektorbündel über der p-dimensionalen Sphäre mit dem zugehörigen charakteristischen Element in $\pi_{p-1}(SO_q)$.

ii) Es sei $\alpha \varepsilon \pi_{p-1}(SO_q)$ und $\beta \varepsilon \pi_{q-1}(SO_p)$. Dann schreiben wir $P(\alpha,\beta)$ für die (p+q)-dimensionale Mannigfaltigkeit, die durch Plumben der Scheibenbündel von α und β entsteht (siehe [Browder 1,Kap.V,§2]).

iii) Es sei $\gamma \varepsilon \pi_d(SO_{m-1})$, repräsentiert durch einen Vektorbündelautomorphismus $f: S^d \times \mathbb{R}^{m-1} \longrightarrow S^d \times \mathbb{R}^{m-1}$.

Weiterhin sei M eine m-dimensionale Mannigfaltigkeit mit Rand, und $i: D^{m-1} \hookrightarrow \partial M$ eine orientierungserhaltende Einbettung.

Dann bezeichnen wir mit $S^d \times M \cup_\gamma D^{d+1} \times D^{m-1}$ die (m+d)-dimensionale Mannigfaltigkeit, die aus $S^d \times D^{m-1}$ durch Ankleben des Henkels $D^{d+1} \times D^{m-1}$ vermöge der Einbettung

$$S^d \times D^{m-1} \xrightarrow{f} S^d \times D^{m-1} \xrightarrow{id \times i} S^d \times M$$

entsteht. Die Diffeomorphieklasse dieser Mannigfaltigkeit hängt nicht von der Wahl der Einbettung i oder des Repräsentanten f ab.

iv) Der stabile J-Homomorphismus $J: \pi_d(SO_n) \longrightarrow \pi_d^s$ ordnet einem Element $\gamma \varepsilon \pi_d(SO_n)$, repräsentiert durch einen Vektorbündelautomorphismus $f: S^d \times \mathbb{R}^n \longrightarrow S^d \times \mathbb{R}^n$ die stabile Abbildung zu, die repräsentiert wird durch die Komposition der Projektion

$$S^{d+n} = S^d \times D^n \cup_{id} D^{d+1} \times S^{n-1} \xrightarrow{pr} S^d \times D^n / S^d \times S^{n-1}$$

mit der Abbildung

$$S^d \times D^n / S^d \times S^{n-1} \xrightarrow{f} S^d \times D^n / S^d \times S^{n-1} \xrightarrow{pr_2} D^n/S^{n-1} = S^n$$

Bemerkung: Es ist wohlbekannt, daß diese homotopietheoretische Definition des J-Homomorphismus unter der Pontrjagin-Thom Konstruktion der geometrischen Definition in 1.3 entspricht.

v) Mit $S^r: \pi_p(SO_q) \longrightarrow \pi_p(SO_{q+r})$ bezeichnen wir die Stabilisierungsabbildung, die von der Inklusion $SO_q \to SO_{q+r}$ induziert wird.

<u>9.2 Satz</u>:

Es sei $\alpha \varepsilon S\pi_{p-1}(SO_{q-1}), \beta \varepsilon S\pi_{q-1}(SO_{p-1}), \gamma \varepsilon \pi_d(SO_{p+q-1})$ mit $k := \min(p,q) > 2$ und $p+q+d \leq 3k-3$. Dann ist die Mannigfaltigkeit

$$S^d \times P(\alpha,\beta) \cup_\gamma D^{d+1} \times D^{p+q-1} \quad \text{diffeomorph zu}$$

$$P(\alpha \circ J(\gamma), S^d\beta) \natural P((-1)^{pq} S^d\alpha, \beta \circ J(\gamma) - F(S^d\beta, J(\gamma))).$$

Hierbei bezeichnet $\natural$ die zusammenhängende Summe längs des Randes (vgl. 1.1), und $F: \pi_{q-1}(SO_{p+d}) \times \pi_d^s \longrightarrow \pi_{q+d-1}(SO_p)$ die Wall - Paarung, die in 9.7 iii) definiert wird. Die Komposition $\alpha \circ J(\gamma)$ ist erklärt, weil mit unseren Voraussetzungen an p,q,d die Abbildung $\pi_{d+p-1}(S^{p-1}) \longrightarrow \pi_d^s$ ein Isomorphismus ist.

<u>9.3 Satz</u>:

Es sei $\beta \varepsilon S^{d+2}\pi_{q-1}(SO_{p-d-2}), \gamma \varepsilon \pi_d(SO_{p+q-1})$ mit $k := \min(p,q) > 2$ und $p+q+d \leq 3k-3$. Dann gilt:

$$F(S^d\beta, J(\gamma)) = \beta \circ J(\gamma) .$$

<u>9.4 Korollar</u>:

Unter den Voraussetzungen von 9.2 und der stärkeren Bedingung $\beta \varepsilon S^{d+2}\pi_{q-1}(SO_{p-d-2})$ ist die Mannigfaltigkeit

$$S^d \times P(\alpha,\beta) \cup_\gamma D^{d+1} \times D^{p+q-1} \quad \text{diffeomorph zu}$$

$$P(\alpha \circ J(\gamma), S^d\beta) \natural P((-1)^{pq} S^d\alpha, 0).$$

Der Rest des Paragraphen dient dem Beweis der Sätze 9.2 und 9.3. Der erste Schritt zum Beweis von 9.2 ist das folgende Lemma:

<u>9.5 Lemma</u>:

Es sei N eine 1-zusammenhängende, n-dimensionale Mannigfaltigkeit mit torsionsfreier Homologie und 1-zusammenhängendem Rand $\partial N \neq \emptyset$, $n \geq 6$. Ferner sei $\{e_{ij} : S^{p_{ij}} \hookrightarrow N \,/\, i=1,2;\ j=1,2,\ldots,s;\ p_{ij} > 2\}$ eine Familie von Einbettungen mit Normalenbündeln α_{ij}, deren Bilder

unter dem Hurewicz - Homorphismus eine Basis der reduzierten Homologie von N bilden, und das Schnittverhalten dieser Einbettungen sei wie folgt: e_{ij} und e_{kl} sind disjunkt für $j \neq l$, und e_{1j} schneidet e_{2j} transversal in einem Punkt mit Multiplizität +1.
Dann ist N diffeomorph zu der zusammenhängenden Summe
$P(\alpha_{11},\alpha_{21}) \natural \ldots\ldots \natural P(\alpha_{1s},\alpha_{2s})$.

Beweis: $e_{1j}(S^{p_{1j}})$ und $e_{2j}(S^{p_{2j}})$ schneiden sich transversal in einem Punkt. Folglich ist eine Umgebung U_j dieses Sphärenbuketts diffeomorph zu $P(\alpha_{1j},\alpha_{2j})$. O.B.d.A. können diese Umgebungen als paarweise disjunkt angenaommen werden, da e_{ij} und e_{kl} für $j \neq l$ disjunkt sind.

Die Einbettung der disjunkten Summe $U_1 \amalg \ldots \amalg U_s \hookrightarrow N$ läßt sich, weil N zusammenhängend ist, zu einer Einbettung der zusammenhängenden Summe längs des Randes $V := U_1 \natural \ldots \natural U_s \hookrightarrow N$ fortsetzen. Diese Einbettung induziert einen Isomorphismus in Homologie, denn nach Voraussetzung sind die Bilder von e_{ij} unter dem Hurewicz - Homomorphismus eine Basis der reduzierten Homologie von N.
Also verschwinden die relativen Homologiegruppen $H_*(N - V, \partial V; \mathbb{Z}) \cong H_*(N, V; \mathbb{Z})$. Ein Transversalitätsargument zeigt, daß wegen $p_{ij} > 2$ die Ränder $\partial P(\alpha_{1j},\alpha_{2j})$, und damit auch $\partial V = \partial P(\alpha_{11},\alpha_{21}) \# \ldots \# \partial P(\alpha_{1s},\alpha_{2s})$ 1-zusammenhängend sind. Also ist $N - V$ mit $\partial(N - V) = \partial N \cup \partial V$ ein h-Kobordismus und folglich N diffeomorph zu $V = P(\alpha_{11},\alpha_{21}) \natural \ldots \natural P(\alpha_{1s},\alpha_{2s})$.
Q.E.D.

Um Lemma 9.5 anzuwenden muß man Einbettungen von Sphären konstruieren. Dazu benutzen wir den Einbettungssatz von Haefliger. Die folgende Version dieses Satzes ergibt sich aus Proposition 1 und Lemma 1 von [Wall I] :

9.6 Satz (Haefliger):

Es sei M eine (k-1)-zusammenhängende, m-dimensionale Mannigfaltigkeit mit $m \leq 3k-3$, $k > 2$. Dann läßt sich jedes Element von $\pi_s(M)$, $k \leq s \leq m-k$, durch eine Einbettung repräsentieren, und zwei zur gleichen Homotopieklasse gehörende Einbettungen sind regulär homotop.

Um das Schnittverhalten und die Normalenbündel dieser Einbettungen zu bestimmen sind die folgenden Ergebnisse von Wall sehr nützlich, die man in [Wall I] findet.

9.7 Zusammenstellung einiger Resultate von Wall:

Im folgenden sei M immer eine m-dimensionale Mannigfaltigkeit, die den Voraussetzungen des Satzes 9.6 genügt, d.h. M ist (k-1)-zusammenhängend mit $m \leq 3k-3$ und $k > 2$. Weiterhin seien $r,s,t \in \mathbb{N}$ mit $k \leq r,s,t \leq m-k$.

i) Es gibt ein verallgemeinertes Schnittprodukt

$$\lambda : \pi_s(M) \times \pi_r(M) \longrightarrow \pi^s_{r+s-m}$$

mit folgenden Eigenschaften:

a) Für komplementäre Dimensionen, d.h. für $r+s-m=0$, kann man λ mit dem üblichen Schnittprodukt identifizieren.

b) $\lambda(x+x',y) = \lambda(x,y) + \lambda(x',y)$
$\lambda(x,y+y') = \lambda(x,y) + \lambda(x,y')$ für $x,x' \in \pi_s(M)$, $y,y' \in \pi_r(M)$

c) $\lambda(x,y) = (-1)^{sr}\lambda(y,x)$ für $x \in \pi_s(M)$, $y \in \pi_r(M)$

d) $\lambda(x,y\circ f) = \lambda(x,y)\circ f$ für $x \in \pi_s(M)$, $y \in \pi_r(M)$, $f \in \pi^s_d$ mit $r+d \leq m-k$
(die Bedingung $r+d \leq m-k$ garantiert, daß $\lambda(x,y\circ f)$ definiert ist)

$\lambda(x,y)$ wird wie folgt geometrisch definiert:
Repräsentiere $x \in \pi_s(M)$ durch eine Einbettung $x: S^s \hookrightarrow M$, zerlege eine Tubenumgebung von $x(S^s)$ in der Form $D^s_+ \times D^{m-s} \cup D^s_- \times D^{m-s}$, und repräsentiere $y \in \pi_r(M)$ durch eine Abbildung $y: S^r \longrightarrow M - \mathring{D}^s_+ \times D^{m-s}$.
Dann ist $\lambda(x,y)$ gegeben durch die Komposition

$$S^r \xrightarrow{\ y\ } M - \mathring{D}^s_+ \times D^{m-s} \xrightarrow{\ t_x\ } D^s_- \times D^{m-s} / D^s_- \times \partial D^{m-s} \sim S^{m-s},$$

wobei t_x die zu der Einbettung x gehörende Thom-Abbildung ist, die Punkte in $D^s_- \times D^{m-s}$ identisch, und Punkte im Komplement auf den Basis-Punkt abbildet.
Aus dieser Beschreibung des Schnittproduktes ergibt sich seine für uns wichtigste Eigenschaft:

e) Wenn $\lambda(x,y)$ verschwindet, lassen sich x und y durch disjunkte Einbettungen repräsentieren.

Beweis: Die Kofaserung

$$M - (D^s_+ \times D^{m-s} \cup D^s_- \times D^{m-s}) \longrightarrow M - \mathring{D}^s_+ \times D^{m-s} \xrightarrow{\ t_x\ } D^s_- \times D^{m-s} / D^s_- \times \partial D^{m-s}$$

induziert, weil mit unseren Dimensionsbedingungen die beteiligten Homotopiegruppen stabil sind, eine exakte Homotopiesequenz. Wenn $\lambda(x,y)$ null ist, läßt sich deshalb y durch eine Abbildung

$$S^r \longrightarrow M - (D^s_+ \times D^{m-s} \cup D^s_- \times D^{m-s})$$

repräsentieren. Wegen Satz 9.6 kann man diese Abbildung zu einer Einbettung machen.

ii) Aus Satz 9.6 folgt, daß die Abbildung, die einer eingebetteten s-dimensionalen Sphäre ihr Normalenbündel zuordnet, eine wohldefinierte Abbildung

$$\nu: \pi_s(M) \longrightarrow \pi_{s-1}(SO_{m-s})$$

induziert. Sie hat folgende Eigenschaften [Wall I, Thm. 1]:

a) $\nu(x+y) = \nu(x) + \nu(y) + \partial\lambda(x,y)$ für $x,y \varepsilon \pi_s(M)$

Hierbei ist $\partial: \pi^s_{2s-m} \longrightarrow \pi_{s-1}(SO_{m-s})$ die Komposition des Isomorphismus $\pi^s_{2s-m} \cong \pi_s(S^{m-s})$ mit der Randabbildung der exakten Homotopiesequenz der Faserung $SO_{m-s} \longrightarrow SO_{m-s+1} \longrightarrow S^{m-s}$.

b) $\lambda(x,x) = \pi\nu(x)$ für $x \varepsilon \pi_s(M)$

Hierbei ist $\pi: \pi_{s-1}(SO_{m-s}) \longrightarrow \pi^s_{2s-m}$ die Komposition der von der Projektion $SO_{m-s} \longrightarrow S^{m-s-1}$ induzierten Abbildung mit dem Isomorphismus $\pi_{s-1}(S^{m-s-1}) \cong \pi^s_{2s-m}$. Insbesondere gilt:

$$\lambda(x,x) = 0 \Longleftrightarrow \nu(x) \varepsilon S\pi_{s-1}(SO_{m-s-1}) .$$

(folgt aus der exakten Homotopiesequenz der Faserung $SO_{m-s-1} \longrightarrow SO_{m-s} \longrightarrow S^{m-s-1}$)

iii) Es sei α ein (m-t)-dimensionales Vektorbündel über S^t, mit Totalraum $E(\alpha)$ und $n: S^t \hookrightarrow E(\alpha)$ die Inklusion des Nullschnittes. Ferner sei $f \varepsilon \pi^s_{s-t} \cong \pi_s(S^t)$. Nach Satz 9.4 läßt sich die Komposition

$$S^s \xrightarrow{f} S^t \xrightarrow{n} E(\alpha)$$

durch eine Einbettung repräsentieren und deren Normalenbündel hängt nur von α und f ab. Die Abbildung

$$F: \pi_{t-1}(SO_{m-t}) \times \pi^s_{s-t} \longrightarrow \pi_{s-1}(SO_{m-s})$$
$$(\alpha, f) \longmapsto \nu(n \circ f)$$

bezeichnen wir als <u>Wall - Paarung</u>.

Aus der Definition von ν und F ergeben sich die Eigenschaften:

$$\nu(x \circ f) = F(\nu(x), f) \qquad \text{für } x \in \pi_t(M),\ f \in \pi^s_{s-t}$$

$$F(F(\alpha,f),g) = F(\alpha, f \circ g) \qquad \alpha \in \pi_{t-1}(SO_{m-t}),\ g \in \pi^s_{r-s}$$

Das folgende Lemma ist der wesentliche Schritt zum Beweis von Satz 9.2:

<u>9.8 Lemma</u>:

Es sei M eine m-dimensionale Mannigfaltigkeit und $\gamma \in \pi_d(SO_{m-1})$.

i) Für jede Einbettung $x\colon S^s \hookrightarrow M$ mit $s > d$ gibt es Einbettungen $\bar{x}\colon S^s \hookrightarrow N := S^d \times M \cup_\gamma D^{d+1} \times D^{m-1}$ und $\tilde{x}\colon S^{s+d} \hookrightarrow N$ mit

$$\nu(\bar{x}) = \nu(x) \oplus \varepsilon^d \qquad h(\bar{x}) = j_*(1 \times h(x)) \in H_s(N;\mathbb{Z})$$

$$\nu(\tilde{x}) = \nu(x) \circ J(\gamma) \qquad h(x) = j_*([S^d] \times h(x)) \in H_{d+s}(N;\mathbb{Z})$$

Hierbei bezeichnet h den Hurewicz-Homomorphismus, $[S^d] \in H_d(S^d;\mathbb{Z})$ die Fundamentalklasse, $\times : H_*(S^d;\mathbb{Z}) \otimes H_*(M;\mathbb{Z}) \longrightarrow H_*(S^d \times M;\mathbb{Z})$ das Homologiekreuzprodukt, und $j\colon S^d \times M \longrightarrow S^d \times M \cup_\gamma D^{d+1} \times D^{m-1}$ die Inklusion.

ii) Wenn $y\colon S^r \hookrightarrow M$ eine weitere Einbettung ist, dann gilt:

$$\lambda(\bar{x},\bar{y}) = 0, \qquad \lambda(\tilde{x},\bar{y}) = \lambda(x,y), \qquad \lambda(\tilde{x},\tilde{y}) = \lambda(x,y) \circ J(\gamma)$$

Den Beweis dieses Lemmas stellen wir, da er sehr technisch ist, bis an das Ende des Paragraphen zurück.

Nach diesen Vorbereitungen nun der <u>Beweis von Satz 9.2</u>:

Wir schreiben $e_\alpha\colon S^p \hookrightarrow P(\alpha,\beta)$ und $e_\beta\colon S^q \hookrightarrow P(\alpha,\beta)$ für die Inklusionen der Nullschnitte von α bzw. β. Es gilt:

$$\nu(e_\alpha) = \alpha, \qquad \nu(e_\beta) = \beta, \qquad \lambda(e_\alpha, e_\beta) = 1$$

Den Bezeichnungen von Lemma 9.8 folgend gibt es Elemente $\bar{e}_\alpha$, $\tilde{e}_\alpha$, $\bar{e}_\beta$, $\tilde{e}_\beta \in \pi_*(S^d \times P(\alpha,\beta) \cup_\gamma D^{d+1} \times D^{p+q-1})$, deren Bilder unter dem Hurewicz-Homomorphismus eine $\mathbb{Z}$-Basis der reduzierten Homologie bilden.

Dann haben auch die Elemente

$$e_{11} := \tilde{e}_\alpha \qquad e_{21} := \bar{e}_\beta \qquad e_{12} := \tilde{e}_\beta - \bar{e}_\beta \circ J(\gamma) \qquad e_{22} := (-1)^{pq}\bar{e}_\alpha$$

diese Eigenschaft. Wir zeigen, daß die Einbettungen das in Lemma 9.5

geforderte Schnittverhalten haben:

$$\lambda(e_{11},e_{21}) = \lambda(\tilde{e}_\alpha,\bar{e}_\beta) = \lambda(e_\alpha,e_\beta) = 1$$

$$\begin{aligned}\lambda(e_{12},e_{22}) &= (-1)^{pq}(\lambda(\tilde{e}_\beta,\bar{e}_\alpha) - \lambda(\bar{e}_\beta\circ J(\gamma),\bar{e}_\alpha)) \\ &= (-1)^{pq}(\lambda(\tilde{e}_\beta,\bar{e}_\alpha) - (-1)^{p(q+d)}\lambda(\bar{e}_\alpha,\bar{e}_\beta\circ J(\gamma))) \\ &= \lambda(e_\alpha,e_\beta) - (-1)^{p(2q+d)}\lambda(\bar{e}_\alpha,\bar{e}_\beta)\circ J(\gamma) = 1\end{aligned}$$

$$\begin{aligned}\lambda(e_{11},e_{12}) &= \lambda(\tilde{e}_\alpha,\tilde{e}_\beta) - \lambda(\tilde{e}_\alpha,\bar{e}_\beta\circ J(\gamma)) = \\ &= \lambda(e_\alpha,e_\beta)\circ J(\gamma) - \lambda(\tilde{e}_\alpha,\bar{e}_\beta)\circ J(\gamma) = 0\end{aligned}$$

$$\lambda(e_{11},e_{22}) = \lambda(\tilde{e}_\alpha,(-1)^{pq}\bar{e}_\alpha) = (-1)^{pq}\lambda(e_\alpha,e_\alpha) = 0,\text{da } \alpha \in S\pi_{p-1}(SO_{q-1})$$

$$\begin{aligned}\lambda(e_{21},e_{12}) &= \lambda(\bar{e}_\beta,\tilde{e}_\beta) - \lambda(\bar{e}_\beta,\bar{e}_\beta\circ J(\gamma)) \\ &= (-1)^{(p+d)p}\lambda(\tilde{e}_\beta,\bar{e}_\beta) - \lambda(\bar{e}_\beta,\bar{e}_\beta)\circ J(\gamma) \\ &= (-1)^{(p+d)p}\lambda(e_\beta,e_\beta) = 0, \text{ denn } \beta \in S\pi_{q-1}(SO_{p-1})\end{aligned}$$

$$\lambda(e_{21},e_{22}) = (-1)^{pq}\lambda(\bar{e}_\beta,\bar{e}_\alpha) = 0.$$

Es folgt mit Satz 9.6 und Lemma 9.5, daß $S^d \times P(\alpha,\beta)\cup_\gamma D^{d+1} \times D^{p+q-1}$ diffeomorph ist zu $P(\nu(e_{11}),\nu(e_{21}))\natural P(\nu(e_{12}),\nu(e_{22}))$. Mit der Bestimmung von $\nu(e_{11})$, $\nu(e_{12})$, $\nu(e_{21})$ und $\nu(e_{22})$ ist dann Satz 9.2 bewiesen:

$$\nu(e_{11}) = \nu(\tilde{e}_\alpha) = \alpha\circ J(\gamma)$$

$$\nu(e_{21}) = \nu(\bar{e}_\beta) = \beta \oplus \varepsilon^d = S^d\beta$$

Aus $\lambda(\bar{e}_\beta\circ J(\gamma),\bar{e}_\beta\circ J(\gamma)) = 0$ folgt mit 9.7 ii a)

$$\nu(-\bar{e}_\beta\circ J(\gamma)) = -\nu(\bar{e}_\beta\circ J(\gamma)).$$

$$\begin{aligned}\nu(e_{12}) &= \nu(\tilde{e}_\beta - \bar{e}_\beta\circ J(\gamma)) = \nu(\tilde{e}_\beta) - \nu(\bar{e}_\beta\circ J(\gamma)) - \partial\lambda(\tilde{e}_\beta,\bar{e}_\beta)\circ J(\gamma) \\ &= \nu(e_\beta)\circ J(\gamma) - \nu(\bar{e}_\beta\circ J(\gamma)) - \partial\lambda(e_\beta,e_\beta)\circ J(\gamma) \\ &= \beta\circ J(\gamma) - F(S^d\beta,J(\gamma)),\end{aligned}$$

denn wegen $\beta \in S\pi_{q-1}(SO_{p-1})$ gilt $\lambda(e_\beta,e_\beta) = 0$.

$$\nu(e_{22}) = \nu((-1)^{pq}\bar{e}_\alpha) = (-1)^{pq}\nu(\bar{e}_\alpha) = (-1)^{pq}S^d\alpha, \text{ denn } \lambda(\bar{e}_\alpha,\bar{e}_\alpha) = 0.$$

Q.E.D.

Mit der gleichen Methode beweisen wir das folgende Lemma, das in §10 benötigt wird:

<u>9.9 Lemma</u>:

Es sei $k > 2$, und $\alpha \varepsilon S\pi_{k-1}(SO_{k-1})$. Dann ist
$P(\alpha,-\alpha) \natural P(\alpha,-\alpha)$ diffeomorph zu $P(2\alpha,-\alpha) \natural P(\alpha,0)$.

<u>Beweis</u>:

Es bezeichne $e_{\alpha j}$, $e_{-\alpha j}$: $S^k \hookrightarrow P(\alpha,-\alpha) \natural P(\alpha,-\alpha)$ für $j = 1$ (bzw. $j = 2$) die Inklusion der Seelen in die erste (bzw. zweite) Kopie von $P(\alpha,-\alpha)$. Wie im Beweis von Satz 9.2 rechnet man nach, daß

$$e_{11} := e_{\alpha 1} + e_{\alpha 2}, \quad e_{21} := e_{-\alpha 2}, \quad e_{12} := e_{\alpha 1} \text{ und } e_{22} := e_{-\alpha 1} - e_{-\alpha 2}$$

den Bedingungen von Lemma 9.5 genügen. Für ihre Normalenbündel gilt:

$$\nu(e_{11}) = 2\alpha, \quad \nu(e_{21}) = -\alpha, \quad \nu(e_{12}) = \alpha, \quad \nu(e_{22}) = 0$$

Q.E.D.

<u>Beweis von Lemma 9.8</u>:

i) Konstruktion von $\bar{x}$:

$\bar{x}$ sei die Komposition $S^s \xhookrightarrow{x} M \xhookrightarrow{i_2} S^d \times M \xhookrightarrow{j} N$.

Das Normalenbündel dieser Einbettung ist offensichtlich $\nu(x) \oplus \varepsilon^d$.

Da die Komposition $i_2 \circ x$ die Homologieklasse $1 \times h(x) \varepsilon H_s(S^d \times M; \mathbb{Z})$ repräsentiert, gilt $h(x) = j_*(1 \times h(x)) \varepsilon H_s(N; \mathbb{Z})$.

ii) Konstruktion von $\tilde{x}$:

Es sei $i: D^{m-1} \hookrightarrow \partial M$ die Einbettung, die zum Ankleben des Henkels $D^{d+1} \times D^{m-1}$ an $S^d \times M$ benutzt wird (siehe 9.1 iii)), und $\bar{i}$ die Komposition $\bar{i}: D^{m-1} \times [0,1] \xrightarrow{i \times id} \partial M \times [0,1] \longrightarrow M$, wobei $\partial M \times [0,1] \longrightarrow M$ eine Kragenabbildung ist. Unter Benutzung eines Weges, der die eingebettete Sphäre $x(S^s)$ mit dem Punkt $\bar{i}(0,a) \varepsilon M$ $(a \varepsilon (0,1))$ verbindet, kann man x isotop so abändern, daß die Einschränkung von $x: S^s = D^s_- \cup D^s_+ \hookrightarrow M$ auf D^s_+ durch die Komposition $D^s \xrightarrow{inkl.} D^{m-1} \times \{a\} \subset D^{m-1} \times [0,1] \xrightarrow{\bar{i}} M$ gegeben ist (inkl. bezeichnet hier und im Folgenden Standardinklusionen).

Das folgende Bild veranschaulicht die Situation:

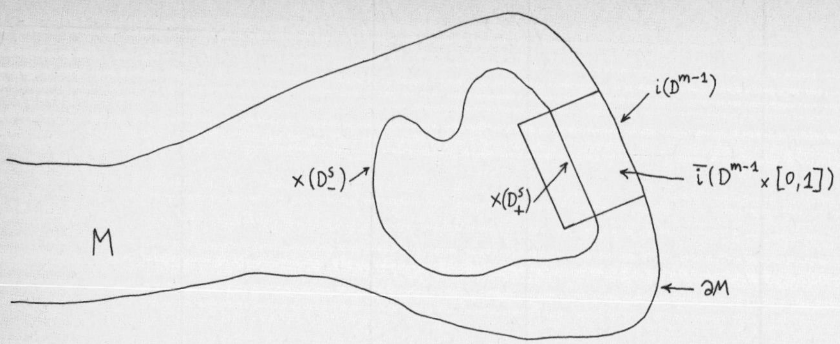

Weil die Stabilisierungsabbildung $\pi_d(SO_s) \longrightarrow \pi_d(SO_{m-1})$ surjektiv ist, kann man annehman, daß sich γ in der Form

$$(S^d \times \mathbb{R}^s) \times \mathbb{R}^{m-s-1} \xrightarrow{\ \bar{\gamma} \times id\ } (S^d \times \mathbb{R}^s) \times \mathbb{R}^{m-s-1}$$

schreiben läßt. Dann definieren wir $\tilde{x}\colon S^{d+s} \hookrightarrow N$ als die Komposition des Diffeomorphismus

$$\phi\colon S^{d+s} = S^d \times D^s \cup_{id} S^d \times S^{s-1} \times I \cup_{id} D^{d+1} \times S^{s-1} \xrightarrow{\ \bar{\gamma} \cup \bar{\gamma} \times id_I \cup id\ } S^d \times D^s \cup_{id} S^{d-1} \times S^{s-1} \times I \cup_{\bar{\gamma}} D^{d+1} \times S^{s-1}$$

mit der Einbettung

$$e\colon (S^d \times D^s \cup_{id} S^d \times S^{s-1} \times I) \cup_{\bar{\gamma}} D^{d+1} \times S^{s-1} \xhookrightarrow{(id \times x|_{D^s_-} \cup id \times \bar{i} \circ g) \cup id \times a} S^d \times M \cup_\gamma D^{d+1} \times D^{m-1}$$

Hierbei fassen wir S^{s-1} über die Standardinklusion $D^s \subset D^{m-1}$ als Teilmenge von D^{m-1} auf, $a \in (0,1)$ steht für die Multiplikation mit a, und die Abbildung $g\colon D^{m-1} \times I \longrightarrow D^{m-1} \times I$ wird definiert durch

$$(z\,,\,t) \longmapsto ((1 - a \sin\tfrac{\pi}{2}t)z\,, a \cos\tfrac{\pi}{2}t).$$

Hier ist ein Bild von g für $m = 2$:

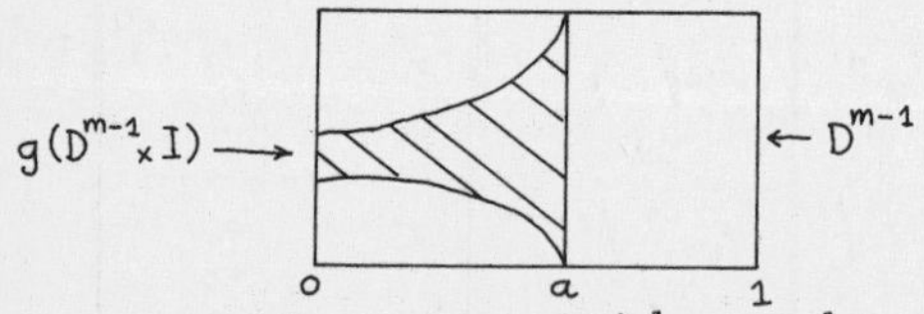

Das folgende ist ein Bild von $\tilde{x}\colon S^{s+d} \hookrightarrow D^d \times M \cup_\gamma D^{d+1} \times D^{m-1}$ für $m = 2$, $d = 0$, $s = 1$:

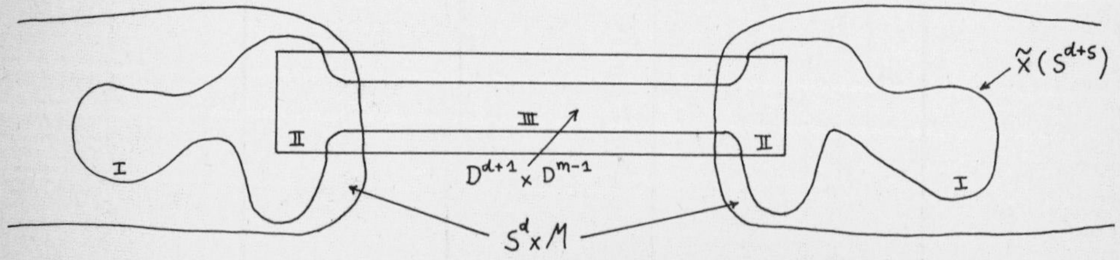

Hierbei sind die Bilder der drei Teile von

$$S^{d+s} = D^d \times D^s \cup_{id} S^d \times S^{s-1} \times I \cup_{id} D^{d+1} \times S^{s-1}$$

durch die römischen Ziffern I, II, III gekennzeichnet.

Es bleibt zu zeigen $h(x) = j_*([S^d] \times h(x))$:

Die Homologieklasse $j_*([S^d] \times h(x))$ wird durch die singuläre Mannigfaltigkeit $e': S^d \times S^s \xrightarrow{id \times x} S^d \times M \xrightarrow{j} N$ repräsentiert. Also folgt die Behauptung, wenn man zeigen kann, daß die singulären Mannigfaltigkeiten

$$(S^d \times S^s, e') \quad \text{und} \quad ((S^d \times D^s \cup_{id} S^d \times S^{s-1} \times I) \cup_{\bar{\gamma}} D^{d+1} \times S^{s-1}, e)$$

bordant sind. Hier ist ein expliziter Bordismus:

$$(S^d xS^s xI \cup_{id} S^d xD^s xI) \cup_{\gamma} D^{d+1} xD^s \xrightarrow{((id \times x)\circ pr_1 \cup id \times \bar{i} \circ g) \cup id \times a} S^d xM \cup_{\gamma} D^{d+1} xD^{m-1}$$

(pr_1 steht für die Projektion $pr_1: S^d \times S^s \times I \longrightarrow S^d \times S^s$).

iii) Berechnung des Normalenbündels der Einbettung $\tilde{x}$:

Wir vergleichen die Normalenbündel der Einbettungen

$$e: S^d \times D^s \cup_{id} S^d \times S^{s-1} \times I \cup_{\bar{\gamma}} D^{d+1} \times S^{s-1} \hookrightarrow N \quad \text{und} \quad e': S^d \times S^s \hookrightarrow N.$$

Auf $S^d \times D^s$ stimmen beide überein, also kann man dort ihre Normalenbündel identifizieren. Eingeschränkt auf das Komplement von $S^d \times D^s$ sind die Normalenbündel trivial, denn man hat folgende Faktorisierungen der Einschränkungen von e bzw. e':

$$e: S^d xS^{s-1} xI \cup_{\bar{\gamma}} D^{d+1} xS^{s-1} \longrightarrow S^d xS^{m-2} xI \cup_{\bar{\gamma}} D^{d+1} xS^{m-2} \longrightarrow S^d xN \cup_{\gamma} D^{d+1} xD^{m-1}$$

(erster Pfeil:) induziert von der Standardinklusion $D^s \hookrightarrow D^{m-1}$; triviales Normalenbündel

(zweiter Pfeil:) 1-kodimensionale Einbettung mit trivialem Normalenbündel

$$e': S^d xD^s_+ \longrightarrow S^d xD^{m-1} x\{a\} \xrightarrow{id \times \bar{i}} S^d xN \cup_{\gamma} D^{d+1} xD^{m-1}$$

Man sieht, daß man die Trivialisierungen so wählen kann, daß sie auf $S^d \times S^{s-1}$ übereinstimmen. Folglich hat man ein kommutatives Diagramm von Vektorbündelisomorphismen

$$\begin{array}{ccccccc}
\nu(x) & \longrightarrow & \nu(e) & \longrightarrow & \overline{\nu(e)} = \overline{\nu(e')} & \longrightarrow & \nu(x) \\
\downarrow & & \downarrow & & \downarrow & & \downarrow \\
S^{d+s} & \xrightarrow{\phi} & S^d xD^s_- \cup_{id} S^d xS^{s-1} xI \cup_{\bar{\gamma}} D^{d+1} xS^{s-1} & \xrightarrow{pr} & S^d xD^s_-/\partial & \xrightarrow{pr_2} & D^s_-/\partial \sim S^s
\end{array}$$

wobei wir mit $\overline{\nu(e)}$ (bzw. $\overline{\nu(e')}$) die Normalenbündel, dividiert durch die Trivialisierung bezeichnen.

Das Normalenbündel $\nu(\tilde{x})$ der Einbettung $\tilde{x}$ ist also das Pullback von $\nu(x)$ unter der Komposition $pr_2 \circ pr \circ \phi$, die man als die Abbildung $J(\gamma): S^{d+s} \longrightarrow S^s$ identifiziert.

iv) Berechnung der Schnittzahlen:

a) $\lambda(\bar{x},\bar{y}) = 0$:

In die Konstruktion von $\bar{x}$ bzw. $\bar{y}$ geht die Wahl eines Punktes in S^d ein (vgl.(i)). Wählt man unterschiedliche Punkte, so sind $\bar{x}$ und $\bar{y}$ disjunkt, also $\lambda(\bar{x},\bar{y}) = 0$.

b) $\lambda(\tilde{x},\bar{y}) = \lambda(x,y)$:

Es sei x von der speziellen Form wie in (ii). Eine Trivialisierung des Normalenbündels der Einbettung

$$x|_{D_-^s} : D_-^s \hookrightarrow M - \bar{i}(\mathring{D}^{m-1} \times \mathring{I})$$

bestimmt eine Thom - Abbildung

$$t_x : M - \bar{i}(\mathring{D}^{m-1} \times \mathring{I}) \longrightarrow S^{m-s}$$

und eine Trivialisierung des Normalenbündels von

$$\tilde{x}|_{S^d \times D_-^s} : S^d \times D_-^s \xrightarrow{\text{id} \times x|_{D_-^s}} S^d \times (M - \bar{i}(\mathring{D}^{m-1} \times \mathring{I})) .$$

Die zu dieser Trivialisierung gehörende Thomabbildung $t_{\tilde{x}}$ ist die Komposition

$$S^d \times (M - \bar{i}(\mathring{D}^{m-1} \times \mathring{I})) \xrightarrow{pr_2} M - \bar{i}(\mathring{D}^{m-1} \times \mathring{I}) \xrightarrow{t_x} S^{m-s}$$

Um die Schnittzahl auszurechnen sei o.B.d.A. $y(S^r) \cap \bar{i}(\mathring{D}^{m-1} \times \mathring{I}) = \emptyset$. Die Schnittprodukte $\lambda(x,y)$ und $\lambda(\tilde{x},\bar{y})$ werden dann durch die folgenden Kompositionen repräsentiert:

$$\lambda(x,y): S^r \xrightarrow{y} (M - \bar{i}(\mathring{D}^{m-1} \times \mathring{I})) \xrightarrow{t_x} S^{m-s}$$

$$\lambda(\tilde{x},\bar{y}): S^r \xrightarrow{y} (M - \bar{i}(\mathring{D}^{m-1} \times \mathring{I})) \xrightarrow{i_2} S^d \times (M - \bar{i}(\mathring{D}^{m-1} \times \mathring{I})) \xrightarrow{t_{\tilde{x}}} S^{m-s}$$

Daraus folgt $\lambda(\tilde{x},\bar{y}) = \lambda(x,y)$.

c) $\lambda(\tilde{x},\tilde{y}) = \lambda(x,y) \circ J(\gamma)$:

Durch die Wahl unterschiedlicher Konstanten a in der Konstruktion von $\tilde{x}$ bzw. $\tilde{y}$ erreicht man, daß sich $\tilde{x}(S^{d+s})$ und $\tilde{y}(S^{d+r})$ nur in $S^d \times (M - \bar{i}(\mathring{D}^{m-1} \times \mathring{I}))$ schneiden. Weiterhin kann man o.B.d.A. annehmen, daß $y(S^{r-1})$ nicht in der Tubenumgebung von $x(D^s_-)$ liegt; mit anderen Worten, daß die Thomabbildung t_x auf dem Quotienten

$$(M - \bar{i}(\mathring{D}^{m-1} \times \mathring{I}))/_{y(S^{r-1})}$$

definiert ist. Das Schnittprodukt $\lambda(\tilde{x},\tilde{y})$ ist dann durch die Komposition

$$S^{d+r} \xrightarrow{pr} S^d \times D^r/\partial \xrightarrow{id\times y|D^r_-} S^d \times (M-\bar{i}(\mathring{D}^{m-1}\times\mathring{I}))/(S^d \times y(S^{r-1})) \xrightarrow{t_{\tilde{x}}} S^{m-s}$$

gegeben, die sich umschreiben läßt in der Form

$$\underbrace{S^{d+r} \xrightarrow{pr} S^d \times D^r/\partial \xrightarrow{\bar{\gamma}} S^d \times D^r/\partial \xrightarrow{pr_2} D^r/\partial}_{J(\gamma)} \; \underbrace{\xrightarrow{y|D^r_-} (M-\bar{i}(\mathring{D}^{m-1}\times\mathring{I}))/y(S^{r-1}) \xrightarrow{t_x} S^{m-s}}_{\lambda(x,y)}$$

Q.E.D.

<u>Beweis von Satz 9.3</u>:

Die Beweisidee ist die folgende: Aus unseren Voraussetzungen an p,q und d folgt $q \geq d+2$. Also gibt es ein $\bar{\gamma} \in \pi_d(SO_q)$, das unter der Stabilisierungsabbildung $\pi_d(SO_q) \longrightarrow \pi_d(SO_{p+q-1})$ auf γ abgebildet wird. Nach 9.8 induziert die Inklusion $y: S^q \longrightarrow \{1/2\} \times S^q \subset I \times S^q$ eine Einbettung $\tilde{y}: S^{d+q} \hookrightarrow N := S^d \times (I \times S^q) \cup_{\bar{\gamma}} D^{d+1} \times D^q$. Wir verschaffen uns eine Einbettung $e: N \hookrightarrow E(S^d\beta)$, deren Komposition mit $\tilde{y}$ homotop ist zu der Abbildung $S^{d+q} \xrightarrow{J(\bar{\gamma})} S^q \xrightarrow{n} E(S^d\beta)$ (n = Inklusion des Nullschnittes). Schließlich zeigen wir, daß das Normalenbündel der Einbettung $S^{d+q} \xrightarrow{\tilde{y}} N \xrightarrow{e} E(S^d\beta)$ das Bündel $\beta \circ J(\gamma)$ ist.

1. Schritt: Konstruktion der Einbettung $e: N \hookrightarrow E(S^d\beta)$

Das stabil inverse Vektorbündel zu $D^{d+1}_+ \times \mathbb{R}^q \cup_{\bar{\gamma}} D^{d+1}_- \times \mathbb{R}^q$ läßt sich durch ein (d+1)-dimensionales Vektorbündel repräsentieren. Anders ausgedrückt: Es existiert ein Vektorbündelmonomorphismus

$$f = f_+ \cup f_-: D^{d+1}_+ \times \mathbb{R}^q \cup_{\bar{\gamma}} D^{d+1}_- \times \mathbb{R}^q \longrightarrow D^{d+1}_+ \times \mathbb{R}^{q+d+1} \cup_{id} D^{d+1}_- \times \mathbb{R}^{q+d+1}$$

O.B.d.A. können wir annehmen, daß f_+ die Standardinklusion ist, und daß f_- die Norm erhält.

Wir definieren eine Einbettung $\bar{e}: N \hookrightarrow \mathbb{R}^{2d+2} \times S^q$ wie folgt:

$$\bar{e}|_{S^d \times (I \times S^q)}: S^d \times (I \times S^q) \longrightarrow \mathbb{R}^{d+1} \times \mathbb{R}^{d+1} \times S^q$$
$$(u, t, v) \longmapsto ((1+t)u, 0, v)$$

$$\bar{e}|_{D^{d+1}\times D^q} : D^{d+1}\times D^q \xrightarrow{f_-} D^{d+1}\times \mathbb{R}^{d+1}\times D^q \xrightarrow{id\times i} \mathbb{R}^{d+1}\times \mathbb{R}^{d+1}\times S^q$$

(i: $D^q \hookrightarrow S^q$ ist eine fest gewählte Einbettung, die auch zum Henkelankleben bei der Konstruktion von $S^d\times(I\times S^q)\cup_{\bar{\gamma}} D^{d+1}\times D^q$ benutzt wird). Wegen $\beta = \bar{\beta}\oplus\varepsilon^{d+2}$ gibt es eine Einbettung

$$t: \mathbb{R}^{2d+2}\times S^q \hookrightarrow E(\bar{\beta}\oplus\varepsilon^{2d+2}) = E(S^d\beta),$$

und wir definieren $e := t\circ\bar{e} : N \hookrightarrow E(S^d\beta)$. Man sieht leicht, daß die Komposition $S^{d+q} \xrightarrow{\tilde{y}} N \xrightarrow{\bar{e}} \mathbb{R}^{2d+2}\times S^q \xrightarrow{pr} S^q$ homotop ist zu der Abbildung $S^{d+q} \xrightarrow{J(\bar{\gamma})} S^q$. Also sind auch die Kompositionen

$$S^{d+q} \xrightarrow{\tilde{y}} N \xrightarrow{\bar{e}} \mathbb{R}^{2d+2}\times S^q \xrightarrow{t} E(S^d\beta) \quad \text{und}$$

$$S^{d+q} \xrightarrow{J(\bar{\gamma})} S^q \xrightarrow{n} E(S^d\beta) \quad \text{homotop.}$$

2. Schritt: Bestimmung des Normalenbündels der Einbettung

$$S^{d+q} \overset{\tilde{y}}{\hookrightarrow} N \overset{\bar{e}}{\hookrightarrow} \mathbb{R}^{2d+2}\times S^q \overset{t}{\hookrightarrow} E(S^d\beta)$$

Nach Lemma 9.8 ist das Normalenbündel von $\tilde{y}$ trivial, weil das Normalenbündel von $y: S^q \hookrightarrow I\times S^q$ trivial ist. Die Trivialität von $\nu(\bar{e})$ folgt aus der Trivialität von $\nu(\bar{e})|_{S^d\times(I\times S^s)}$, die man sofort an der Definition dieser Einbettung ablesen kann.
Das Normalenbündel der Einbettung t ist offensichtlich $pr_2^*\bar{\beta}$.
Zusammenfassend ergibt sich:

$$\nu(t\circ\bar{e}\circ\tilde{y}) = \tilde{y}^*\bar{e}^* pr_2^*\bar{\beta} \oplus\varepsilon^{d+1}\oplus\varepsilon = J(\bar{\gamma})^*(\bar{\beta}\oplus\varepsilon^{d+2}) = \beta\circ J(\gamma),$$

was zu zeigen war.

Q.E.D.

§10 Relationen in $\pi_*(A[k])$

Als Konsequenz der geometrischen Überlegungen in §9 erhalten wir in diesem Paragraphen die folgenden Relationen:

10.1 Satz:

Für $k \geq 9$ gilt:

i) $2\pi_{2k}(A[k]) = 0$ für $k \equiv 2 \bmod 8$

ii) $\pi_{2k}(A[k]) \circ \eta = 0$ für $k \equiv 4 \bmod 8$

iii) $\pi_{2k}(A[k]) \circ \nu = 0$ für $k \equiv 0,1 \bmod 8$

Hierbei bezeichnet η (bzw. ν) das erzeugende Element von π_1^s (bzw. π_3^s).

Der Beweis zerfällt in eine Reihe von Lemmata:

10.2 Lemma:

Es sei $\alpha \in \pi_{p-1}(SO_q)$ und $\beta \in S\pi_{q-1}(SO_{p-1})$ mit $k := \min(p,q) > 2$.

i) $P(\alpha,\beta)$ ist eine (k-1)-zusammenhängende, fast geschlossene Mannigfaltigkeit der Dimension p+q

ii) Falls $\alpha = 0$ oder $\beta = 0$, dann ist $P(\alpha,\beta)$ nullbordant in $A_{p+q}^{<k>}$.

Beweis:

Zu i): $P(\alpha,\beta)$ ist homotopieäquivalent zu $S^p \vee S^q$, und folglich (k-1)-zusammenhängend. Der Rand $\partial P(\alpha,\beta)$ ist Retrakt von $P(\alpha,\beta)$ ohne die Seelen $e_\alpha(S^p) \cup e_\beta(S^q)$ (e_α und e_β bezeichnen wie in §9 die Inklusionen der Seelen).

Wegen $k > 2$ gilt $\pi_1(P(\alpha,\beta) - (e_\alpha(S^p) \cup e_\beta(S^q))) = \pi_1(P(\alpha,\beta)) = 0$ (Transversalitätsargument). Folglich ist $\partial P(\alpha,\beta)$ einfach zusammenhängend. Weil die Schnittform von $P(\alpha,\beta)$ unimodular ist, verschwindet $H_i(\partial P(\alpha,\beta); \mathbb{Z})$ für $i \neq p+q-1$. Also ist $\partial P(\alpha,\beta)$ eine Homotopiesphäre.

Zu ii): Es sei o.B.d.A. $\beta = 0$. Das Sphärenbündel $S(\alpha \oplus \varepsilon)$ hat eine Zerlegung der Form

$$S(\alpha \oplus \varepsilon) = P(\alpha,0) \cup_{S^{p+q-1}} D^{p+q}$$

Also kann man das Scheibenbündel $D(\alpha \oplus \varepsilon)$ als Bordismus zwischen $P(\alpha,0)$ und D^{p+q} interpretieren.

Q.E.D.

10.3 Lemma:

Es sei $k \equiv 0,1,2,4 \bmod 8$, $k \geq 9$, und $\alpha \in S\pi_{k-1}(SO_{k-1})$ repräsentiere einen Erzeuger von $\pi_{k-1}(SO)$.

Dann ist $T(P(\alpha,-\alpha))$ ein Erzeuger der zyklischen Gruppe $\pi_{2k}(A[k])$ ($T(\ )$ wurde in 8.1 definiert).

Beweis:

Die Berechnungen von $E_1^{*,*}(S^{-2k}A[k])$ in §7 zeigen, daß $\pi_{2k}(A[k])$ eine zyklische Gruppe ist.

Ein Element $f \in \pi_{2k}(A[k])$ erzeugt die Gruppe, wenn das Bild von f unter dem Kantenhomomorphismus $H: \pi_{2k}(A[k]) \longrightarrow E_2^{0,2k}(A[k])$ ungleich null ist, d.h. wenn die induzierte Abbildung $f^*: H^*(A[k];\mathbb{Z}/2) \longrightarrow H^*(S^{2k};\mathbb{Z}/2)$ nichttrivial ist (vgl. 5.2 vi).

Wir beweisen, daß die von $T(P(\alpha,-\alpha)) \in \pi_{2k}(A[k])$ induzierte Abbildung in $\mathbb{Z}/2$ - Kohomologie nichttrivial ist, indem wir zeigen, daß $P(\alpha,-\alpha)$ den Voraussetzungen von Satz 8.3 ii) genügt.

Wie in §9 seien e_α, $e_{-\alpha}$: $S^k \hookrightarrow P(\alpha,-\alpha)$ die Inklusionen der Seelen von $P(\alpha,-\alpha)$, und $h(e_\alpha)$, $h(e_{-\alpha}) \in H_k(P(\alpha,-\alpha);\mathbb{Z}/2)$ ihre Bilder unter dem mod 2 - Hurewicz - Homomorphismus.

Zwischenbehauptung:

Die charakteristische Klasse $n_k \in H^k(P(\alpha,-\alpha),\partial P(\alpha,-\alpha);\mathbb{Z}/2)$ ist Poincaré - dual zu $h(e_\alpha + e_{-\alpha}) \in H_k(P(\alpha,-\alpha);\mathbb{Z}/2)$.

Beweis: Die Behauptung ist äquivalent zu der Aussage

(*) $\langle n_k, h(x)\rangle \equiv \lambda(e_\alpha + e_{-\alpha}, x) \bmod 2$ für alle $x \in \pi_k(P(\alpha,-\alpha))$

Hierbei bezeichnet $\langle n_k, h(x)\rangle$ das Kroneckerprodukt von n_k und $h(x)$. Nach Definition von n_k (siehe 8.2) verschwindet $\langle n_k, h(x)\rangle$ genau dann, wenn das Normalenbündel von x stabil trivial mod 2 ist (d.h. wenn $\nu(x)$ unter $\pi_{k-1}(SO_k) \xrightarrow{s} \pi_{k-1}(SO) \xrightarrow{pr} \pi_{k-1}(SO)/2\pi_{k-1}(SO)$ auf Null abgebildet wird).

Es genügt, (*) für $x = e_\alpha$ und $x = e_{-\alpha}$ zu zeigen:

$$\langle n_k, h(e_\alpha)\rangle = 1 \qquad \lambda(e_\alpha + e_{-\alpha}, e_\alpha) = \lambda(e_{-\alpha}, e_\alpha) = 1$$
$$\langle n_k, h(e_{-\alpha})\rangle = 1 \qquad \lambda(e_\alpha + e_{-\alpha}, e_{-\alpha}) = \lambda(e_\alpha, e_{-\alpha}) = 1$$

Hiermit ist die Zwischenbehauptung bewiesen, und es bleibt zu zeigen, daß das Normalenbündel von $e_\alpha + e_{-\alpha}: S^k \hookrightarrow P(\alpha,-\alpha)$ das Tangentialbündel von S^k ist:

$$\nu(e_\alpha + e_{-\alpha}) = \nu(e_\alpha) + \nu(e_{-\alpha}) + \partial\lambda(e_\alpha, e_{-\alpha}) = \alpha - \alpha + \partial 1 = \tau$$

Q.E.D.

10.4 Lemma:

Es sei M eine (k-1)-zusammenhängende, fast geschlossene Mannigfaltigkeit der Dimension m, und $\gamma \varepsilon \pi_d(SO_{m-1})$. Dann gilt:

i) $S^d \times M \cup_\gamma D^{d+1} \times D^{m-1}$ ist eine (k-1)-zusammenhängende, fast geschlossene Mannigfaltigkeit der Dimension m+d

ii) $T(S^d \times M \cup_\gamma D^{d+1} \times D^{m-1}) = T(M) \circ J(\gamma) \varepsilon \pi_{m+d}(A[k])$

Beweis:

Zu i): $S^d \times M \cup_\gamma D^{d+1} \times D^{m-1}$ ist einfach zusammenhängend. Die Homologiegruppen $H_i(S^d \times M; \mathbb{Z})$ verschwinden für $i < k$, $i \neq d$, und durch das Ankleben des Henkels $D^{d+1} \times D^{m-1}$ wird die von $S^d \hookrightarrow S^d \times M$ repräsentierte Homologieklasse getötet, sodaß die Homologiegruppen $H_i(S^d \times M \cup_\gamma D^{d+1} \times D^{m-1}; \mathbb{Z})$ für $i < k$ trivial sind. Folglich ist die Mannigfaltigkeit $S^d \times M \cup_\gamma D^{d+1} \times D^{m-1}$ (k-1)-zusammenhängend.

Wenn $f: S^d \times \mathbb{R}^{m-1} \longrightarrow S^d \times \mathbb{R}^{m-1}$ ein Vektorbündelautomorphismus ist, der $\gamma \varepsilon \pi_d(SO_{m-1})$ repräsentiert, und $i: D^{m-1} \hookrightarrow \partial M$ eine Einbettung, dann entsteht der Rand von $S^d \times M \cup_\gamma D^{d+1} \times D^{m-1}$ aus $S^d \times \partial M$ durch Surgery auf der Einbettung

$$S^d \times D^{m-1} \xrightarrow{\ f\ } S^d \times D^{m-1} \xrightarrow{\ id \times i\ } S^d \times \partial M .$$

Durch diese Surgery werde die Homologiegruppen $H_d(S^d \times \partial M; \mathbb{Z})$ und $H_{m-1}(S^d \times \partial M; \mathbb{Z})$ getötet, sodaß die entstehende Mannigfaltigkeit eine Homotopiesphäre ist. Folglich ist $S^d \times M \cup_\gamma D^{d+1} \times D^{m-1}$ fast geschlossen.

Zu ii): Die zu einer (k-1)-zusammenhängenden, fast geschlossenen Mannigfaltigkeit M^m gehörende stabile Abbildung $T(M): S^m \longrightarrow A[k]$ läßt sich dadurch charakterisieren, daß die der Komposition $b \circ T(M) \varepsilon \pi_m(MO[k]/S^0) \cong \Omega_m^{<k>,fr}$ entsprechende Bordismusklasse durch die Mannigfaltigkeit M mit einer geeigneten Trivialisierung $\bar{g}$ von $\nu|_{\partial M}$ repräsen-

tiert wird (siehe §3).
Also ist zu zeigen, daß sich $b\circ T(M)\circ J(\gamma)\varepsilon\,\pi_{m+d}(MO[k]/S^0)$ durch die Mannigfaltigkeit $N := S^d \times M \cup_\gamma D^{d+1} \times D^{m-1}$ repräsentieren läßt. Es ist leicht, aber langwierig, anhand der Definition der Pontrjagin-Thom Konstruktion nachzuprüfen, daß die Komposition $b\circ T(M)\circ J(\gamma)$ durch das Produkt $S^d \times M$ mit einer von γ abhängigen Rahmung des Randes repräsentiert wird.
Diese Rahmung läßt sich auf den Henkel $D^{d+1} \times D^{m-1}$ fortsetzen. Daraus folgt, daß die Mannigfaltigkeiten $S^d \times M$ und $S^d \times M \cup_\gamma D^{d+1} \times D^{m-1}$ die gleiche Bordismusklasse in $\Omega^{<k>,fr}_{m+d}$ repräsentieren, denn $I \times (S^d \times M \cup_\gamma D^{d+1} \times D^{m-1})$ mit dieser Rahmung auf $I \times D^{d+1} \times D^{m-1}$ läßt sich als Bordismus zwischen beiden interpretieren.

Q.E.D.

<u>10.5 Lemma</u>:
i) Es sei $k \equiv 0,1,4 \mod 8$, $k \geq 9$, und $\xi\,\varepsilon\,\pi^s_d$, definiert durch

$$\xi := \begin{cases} \eta & \text{für } k \equiv 4 \mod 8 \\ \nu & \text{für } k \equiv 0,1 \mod 8 \end{cases}$$

Dann läßt sich das erzeugende Element $\beta_k\,\varepsilon\,\pi_{k-1}(SO)$ durch ein Vektorbündel $\alpha_k\,\varepsilon\, S\pi_{k-1}(SO_{k-1})$ repräsentieren mit

$$\alpha_k \circ \xi = 0 \quad \text{und} \quad F(S^d\alpha_k, \xi) = 0$$

ii) Für $k \equiv 2 \mod 8$, $k \geq 9$ läßt sich β_k durch ein $\alpha_k\,\varepsilon\, S\pi_{k-1}(SO_{k-1})$ repräsentieren mit $2\alpha_k = 0$.

<u>Beweis</u>:
Für $k \equiv 0,1,4 \mod 8$ sei $f: S^{k+d} \longrightarrow S^k$ ein Repräsentant von $\xi\,\varepsilon\,\pi^s_d$, und für $k \equiv 2 \mod 8$ sei $f: S^k \longrightarrow S^k$ eine Abbildung mit Abbildungsgrad 2.
<u>Zwischenbehauptung</u>:

Für $k \equiv 0,2,4 \mod 8$, $k \geq 9$ läßt sich β_k durch ein Vektorbündel $\alpha_k\,\varepsilon\, S^5\pi_{k-1}(SO_{k-5})$ repräsentieren mit $\alpha_k \circ f = 0$.

Beweis der Zwischenbehauptung:
Aus dem Periodizitätssatz von Bott folgt $\beta_k \circ f = 0$. Das Vektorbündel α_k wird durch Destabilisieren von β_k konstruiert.
Dazu benutzen wir das folgende Resultat von Barratt-Mahowald:

Die Homotopiefaserung $\Omega^{8t}BSO_n \longrightarrow \Omega^{8t}BSO$ hat einen Schnitt s über dem (n+4t-7) - Skelett.

Mit obigen Einschränkungen an k ist f eine achtfache Suspension, $f = \Sigma^8 g$, und wir erhalten das kommutative Diagramm mit $m := k+d$:

$$\begin{array}{ccccccccc}
\pi_k(BSO_{k-1}) & \cong & \pi_{k-8}(\Omega^8 BSO_{k-1}) & \xleftarrow{s_*} & \pi_{k-8}(\Omega^8 BSO^{(m-7)}) & \cong & \pi_{k-8}(\Omega^8 BSO) & \cong & \pi_k(BSO) \\
\downarrow{\circ f} & & \downarrow{\circ g} & & \downarrow{\circ g} & & \downarrow{\circ g} & & \downarrow{\circ f} \\
\pi_m(BSO_{k-1}) & \cong & \pi_{m-8}(\Omega^8 BSO_{k-1}) & \xleftarrow{s_*} & \pi_{m-8}(\Omega^8 BSO^{(m-7)}) & \cong & \pi_{m-8}(\Omega^8 BSO) & \cong & \pi_m(BSO)
\end{array}$$

(s ist auf dem (m-7)-Skelett von $\Omega^8 BSO$ definiert, denn $m-7 = k+d-7 \leqslant (k-1)+4-7 \iff d \leqslant 3$)

Für $\alpha_k := S(s_* \beta_k) \varepsilon S\pi_k(BSO_{k-1}) \cong S\pi_{k-1}(SO_{k-1})$ gilt dann $\alpha_k \circ f = 0$, und es bleibt zu zeigen, daß α_k im Bild der Stabilisierungsabbildung $S^5 : \pi_k(BSO_{k-5}) \longrightarrow \pi_k(BSO_k)$ liegt.

Aus dem Satz von Barratt - Mahowald folgt, daß die zu $\beta_k : S^k \longrightarrow BSO$ adjungierte Abbildung $S^{k-8} \longrightarrow \Omega^8 BSO$ über $\Omega^8 BSO_{k-5}$ faktorisiert. Mit anderen Worten: β_k läßt sich zu einem Element $\alpha'_k \varepsilon \pi_k(BSO_{k-5})$ destabilisieren. Es folgt $S^5 \alpha'_k = \alpha_k$, denn die Stabilisierungsabbildung $S: S\pi_k(BSO_{k-1}) \longrightarrow \pi_k(BSO)$ ist für $k \equiv 0 \mod 2$ ein Isomorphismus. Damit ist die Zwischenbehauptung bewiesen.

Aus der Zwischenbehauptung ergibt sich Teil ii) des Lemmas. Für Teil i) in den Fällen $k \equiv 0,4 \mod 8$ bleibt zu zeigen $F(S^d \alpha_k, \xi) = 0$.

Es ist wohlbekannt, daß die Elemente η und ν im Bild des J - Homomorphismus liegen. Also folgt aus $\alpha_k \varepsilon S^5 \pi_{k-1}(SO_{k-5})$ unter Benutzung von Satz 9.3 $F(S^d \alpha_k, \xi) = \alpha_k \circ \xi = 0$.

Für $k \equiv 1 \mod 8$ setzen wir $\alpha_k := S(\alpha_{k-1} \circ \eta) \varepsilon S\pi_{k-1}(SO_{k-1})$, wobei $\alpha_{k-1} \varepsilon \pi_{k-2}(SO_{k-1})$ ein Vektorbündel ist, das β_{k-1} repräsentiert (ein solches α_{k-1} gibt es auch für $k-1 = 8$, allerdings liegt in diesem Fall α_{k-1} nicht in $S\pi_{k-2}(SO_{k-2})$).

Das Element α_k repräsentiert β_k, denn für $k \equiv 1 \mod 8$ gilt $\beta_{k-1} \circ \eta = \beta_k$ [Kervaire, Lemma 2]. Weiter gilt:

$$\alpha_k \circ \nu = S(\alpha_{k-1} \circ \eta \circ \nu) = 0; \qquad F(S^5 \alpha_{k-1}, \eta) = S^4 \alpha_{k-1} \circ \eta \quad \text{(Satz 9.3)}$$

$$F(S^3 \alpha_k, \nu) = F(S^4 \alpha_{k-1} \circ \eta, \nu) = F(F(S^5 \alpha_{k-1}, \eta), \nu) = F(S^5 \alpha_{k-1}, \eta \circ \nu) = 0 \ \text{(9.7 iii)}$$

Beweis von Satz 10.1:

Es sei $\alpha_k \varepsilon S\pi_{k-1}(SO_{k-1})$ ein Vektorbündel, das den Erzeuger von $\pi_{k-1}(SO)$ repräsentiert, mit den in 10.5 beschriebenen Eigenschaften. Nach Lemma 10.3 erzeugt $T(P(\alpha_k,-\alpha_k))$ die Gruppe $\pi_{2k}(A[k])$. Die zusammenhängende Summe $P(\alpha_k,-\alpha_k) \natural P(\alpha_k,-\alpha_k)$ ist diffeomorph zu $P(2\alpha_k,-\alpha_k) \natural P(\alpha_k,0)$ (Lemma 9.9), und somit nullbordant, falls $2\alpha_k = 0$ (Lemma 10.2). Für $k \equiv 2 \bmod 8$ gilt $2\alpha_k = 0$ (vgl. 10.5), also folgt $2\pi_{2k}(A[k]) = 0$.

Für $k \equiv 0,1,4 \bmod 8$ sei $\gamma \varepsilon \pi_d(SO_{2k-1})$ mit $J(\gamma) = \xi$ (es ist wohlbekannt, daß η und ν im Bild des J-Homorphismus liegen). Nach Lemma 10.4 gilt:

$$T(P(\alpha_k,-\alpha_k)) \circ J(\gamma) = T(S^d \times P(\alpha_k,-\alpha_k) \cup_\gamma D^{d+1} \times D^{2k-1}).$$

Nach Satz 9.2 ist die Mannigfaltigkeit $S^d \times P(\alpha_k,-\alpha_k) \cup_\gamma D^{d+1} \times D^{2k-1}$ diffeomorph zu

$$P(\alpha_k \circ J(\gamma), -S^d\alpha_k) \natural P((-1)^k S^d\alpha_k, -\alpha_k \circ J(\gamma) + F(S^d\alpha_k, J(\gamma))) ,$$

und diese ist wegen $\alpha_k \circ J(\gamma) = 0$ und $F(S^d\alpha, J(\gamma)) = 0$ nullbordant in $A^{<k>}_{2k+d}$. Also gilt $T(S^d \times P(\alpha_k,-\alpha_k) \cup_\gamma D^{d+1} \times D^{2k-1})) = 0$.

Q.E.D.

§11 Differentiale in der Adams - Spektralsequenz von A[k]

Ziel dieses Paragraphen ist die Bestimmung der Differentiale in der Adams - Spektralsequenz von A[k] in einem gewissen Dimensionsbereich. Die in §10 hergeleiteten Relationen, die ihrerseits auf den Resultaten von §8 und §9 beruhen, liefern als Korollar den folgenden Satz:

11.1 Satz:

Es sei $k \equiv 0,1,2,4 \mod 8$, $k \geq 9$, und $E_1^{s,t}(S^{-2k}A[k])$ der in §7 konstruierte E_1 - Term der Adams - Spektralsequenz. Dann gilt:

für $k \equiv 0 \mod 8$ $\quad d_1(\bar{b}_*^{0,4}) = h_2\bar{a}_*^{0,0}$

für $k \equiv 1 \mod 8$ $\quad d_1(b_*^{0,4}) = h_2 a_*^{0,0}$

für $k \equiv 2 \mod 8$ $\quad d_1(\bar{b}_*^{0,1}) = h_0\bar{a}_*^{0,0}$

für $k \equiv 4 \mod 8$ $\quad d_1(b_*^{0,2}) = h_1\bar{a}_*^{0,0}$

Beweis:

Nach Satz 10.1 gilt für $k \geq 9$:

$\pi_0(S^{-2k}A[k])\circ\nu = 0$ für $k \equiv 0,1 \mod 8$

$2\pi_0(S^{-2k}A[k]) = 0$ für $k \equiv 2 \mod 8$

$\pi_0(S^{-2k}A[k])\circ\eta = 0$ für $k \equiv 4 \mod 8$

Aus diesen Relationen ergeben sich die behaupteten Differentiale, z.B. für $k \equiv 1 \mod 8$ wie folgt:

Das Element $a_*^{0,0} \varepsilon E_1^{0,0}(S^{-2k}A[k])$ überlebt aus Dimensionsgründen bis zum E_∞ - Term, und wird somit von einem Homotopieelement $a \varepsilon \pi_0(S^{-2k}A[k])$ repräsentiert. Dann ist die Komposition $a\circ\nu$ ein Repräsentant von $H_2^* a_*^{0,0} = h_2 a_*^{0,0}$. Wegen der Relation $\pi_0(S^{-2k}A[k])\circ\nu = 0$ ist $a\circ\nu$ nullhomotop, d.h. das Element $h_2 a_*^{0,0}$ muß von einem Differential getroffen werden. Aus Dimensionsgründen bleibt nur die Möglichkeit $d_1(b_*^{0,4}) = h_2 a_*^{0,0}$.

Die Argumentation in den übrigen Fällen ist vollständig analog.

Q.E.D.

Satz 11.1 und die multiplikative Struktur des E_1 - Termes (siehe 6.7, 6.8 und 7.4) implizieren die folgenden d_1 - Differentiale:

<u>11.2 Korollar</u>

Mit den Voraussetzungen von 11.1 gilt:

für $k \equiv 0 \mod 8$ $\quad d_1(h_0^r \bar{b}_*^{0,4}) = h_0^r h_2 \bar{a}_*^{0,0}$

für $k \equiv 1 \mod 8$ $\quad d_1(b_*^{0,4}) = h_2 a_*^{0,0}$

für $k \equiv 2 \mod 8$ $\quad d_1(h_0^r \bar{b}_*^{0,1}) = h_0^{r+1} \bar{a}_*^{0,0}$

für $k \equiv 4 \mod 8$ $\quad d_1(b_*^{0,2}) = h_1 \bar{a}_*^{0,0} \qquad d_1(h_1 b_*^{0,2}) = h_1^2 \bar{a}_*^{0,0}$

Auch die Aussagen des nächsten Lemmas sind algebraische Konsequenzen des Satzes 11.1:

<u>11.3 Lemma</u>:

Mit den Voraussetzungen von 11.1 gilt:

i) für $k \equiv 2 \mod 8$ $\quad H_0^* b_*^{0,4} = h_0 b_*^{0,4} + \bar{a}_*^{1,5} \qquad H_2^* \bar{b}_*^{0,1} = b_*^{1,5}$

$d_1(b_*^{0,5}) = 0 \qquad H_1^* b_*^{0,4} = a_*^{1,6} \qquad H_2^* b_*^{0,2} = 0$

$d_1(b_*^{0,6}) = 0 \qquad H_1^* b_*^{1,5} = a_*^{2,7}$

ii) für $k \equiv 4 \mod 8$ $\quad d_1(\bar{b}_*^{2,7}) = \bar{a}_*^{3,7}$

<u>11.4 Bemerkungen</u>:

i) Mit den Ergebnissen 11.1, 11.2 und 11.3 haben wir im betrachteten Dimensionsbereich $t-s \leq 6$ alle d_1 - Differentiale bestimmt mit der Ausnahme von $d_1(\bar{b}_*^{0,4})$ für $k \equiv 4 \mod 8$.
Durch eine Rechnung wie im weiter unten folgenden Beweis von Lemma 11.3 kann man zeigen, daß $d_1(\bar{b}_*^{0,4})$ verschwindet. Diese Rechnung ist jedoch einerseits sehr aufwendig (sie benutzt z.B. die Existenz eines bestimmten Elementes in $\mathrm{Ext}_A^{2,16}(S^{-2k}\mathrm{Kern}\, c^*, \mathbb{Z}/2)$), andererseits hilft es nicht sehr viel zu wissen, daß $d_1(\bar{b}_*^{0,4})$ verschwindet, wenn man, was leider der Fall ist, das Differential $d_2(\bar{b}_*^{0,4})$ nicht bestimmen kann (vgl. Bemerkung 11.6).

ii) Die Operation von H_0^*, H_1^* und H_2^* auf $E_1^{s,t}(S^{-2k}A[k])$ ergibt sich für

$k \equiv 0,4 \mod 8$ allein aus 7.4 iii), denn aus Dimensionsgründen gibt es keine Erweiterungsprobleme.

Für $k \equiv 2 \mod 8$ wird die Operation in Lemma 11.3 beschrieben (mit der Ausnahme von $H_1^*(b_*^{0,5})$ und $H_0^*(b_*^{0,6})$);

Für $k \equiv 1 \mod 8$ bleibt offen, ob $H_1^*(b_*^{0,4})$ und $H_0^*(b_*^{0,5})$ null sind.

Die Berechnung von $H_0^*(b_*^{0,5})$ entscheidet ein Erweiterungsproblem: Wenn $H_0^*(b_*^{0,5})$ verschwindet, dann ist $\pi_5(S^{-2k}A[k])$ isomorph zu $\mathbb{Z}/2 \oplus \mathbb{Z}/2$, sonst gilt $\pi_5(S^{-2k}A[k]) \cong \mathbb{Z}/4$.

Es scheint nicht möglich zu sein, $H_0^*(b_*^{0,5})$ mit den im Beweis von Lemma 11.3 verwendeten Methoden zu bestimmen.

Die Aussagen von 11.1, 11.2 und 11.3 lassen sich durch die folgenden Diagramme darstellen:

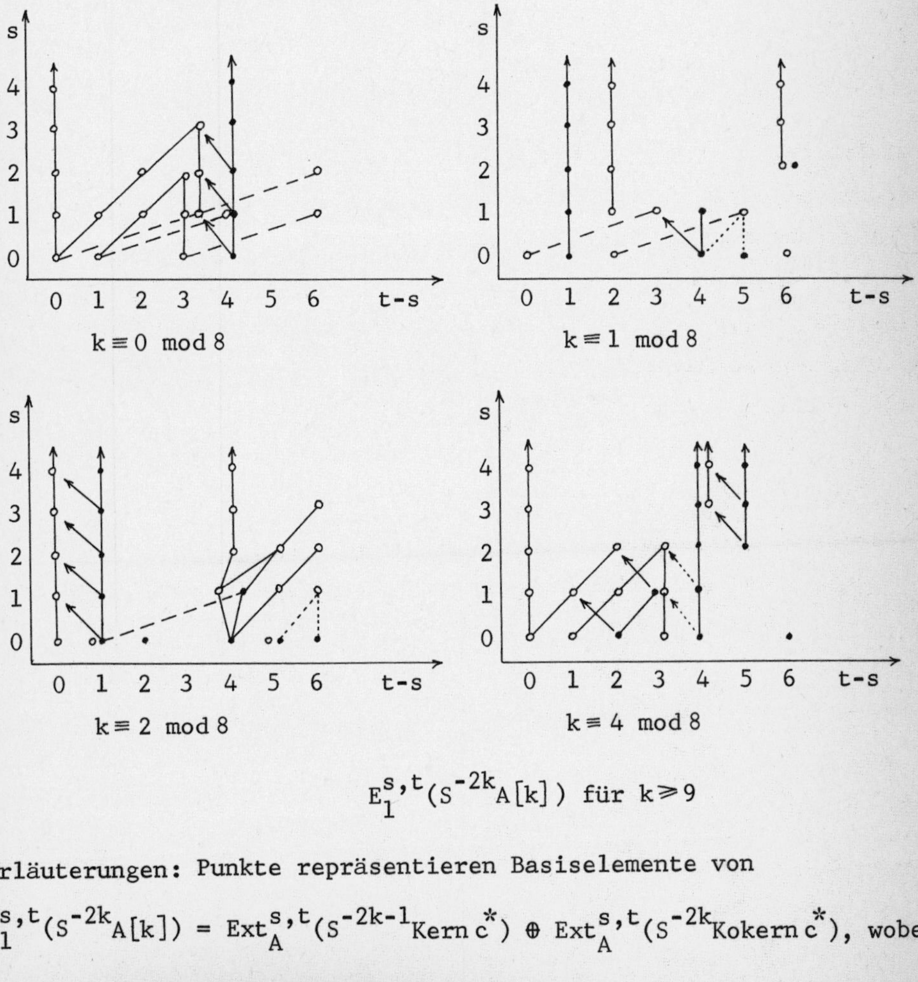

$E_1^{s,t}(S^{-2k}A[k])$ für $k \geq 9$

Erläuterungen: Punkte repräsentieren Basiselemente von

$E_1^{s,t}(S^{-2k}A[k]) = \mathrm{Ext}_A^{s,t}(S^{-2k-1}\mathrm{Kern}\, c^*) \oplus \mathrm{Ext}_A^{s,t}(S^{-2k}\mathrm{Kokern}\, c^*)$, wobei o für ein Basiselement aus $\text{Ext}_A^{s,t}(S^{-2k-1}\text{Kern }c^*)$ steht, und

• für ein Basiselement aus $\text{Ext}_A^{s,t}(S^{-2k}\text{Kokern }c^*)$.

$\diagdown$ symbolisiert ein nichttriviales d_1 - Differential.

Vertikale (bzw. schräge bzw. durchbrochene) Linien repräsentieren Multiplikation mit H_0^* (bzw. H_1^* bzw. H_2^*). Beispielsweise gilt für

$k \equiv 2 \mod 8$: $H_0^* b_*^{0,4} = b_*^{1,5} + \bar{a}_*^{1,5}$ $H_1^* b_*^{1,5} = a_*^{2,7}$ $H_1^* \bar{a}_*^{1,5} = a_*^{2,7}$

Gepunktete Pfeile (bzw. Linien) deuten an, daß nicht bekannt ist, ob dieses Differential (bzw. diese Multiplikation mit H_i^*) trivial ist.

Beweis von Lemma 11.3:

Es sei daran erinnert, wie in §7 eine freie Auflösung von $H^*(S^{-2k}A[k]; \mathbb{Z}/2)$ konstruiert wurde:

Es seien $0 \leftarrow S^{-2k-1}\text{Kern }c^* \xleftarrow{\ e\ } M_0 \leftarrow M_1 \leftarrow \ldots$

und $0 \leftarrow S^{-2k}\text{Kokern }c^* \xleftarrow{\ e\ } N_0 \leftarrow N_1 \leftarrow \ldots$

die minimalen, freien Auflösungen, die durch Auflösen der fast-freien Summanden und durch Vervollständigung (siehe 6.15 bzw. 6.11) aus den in §7 angegebenen fast-freien Auflösungen bis zur Dimension 7 entstehen.

Weiterhin sei $p_0, p_1, \ldots$ eine Familie von Homomorphismen, die das folgende Diagramm kommutativ ergänzen:

(*)

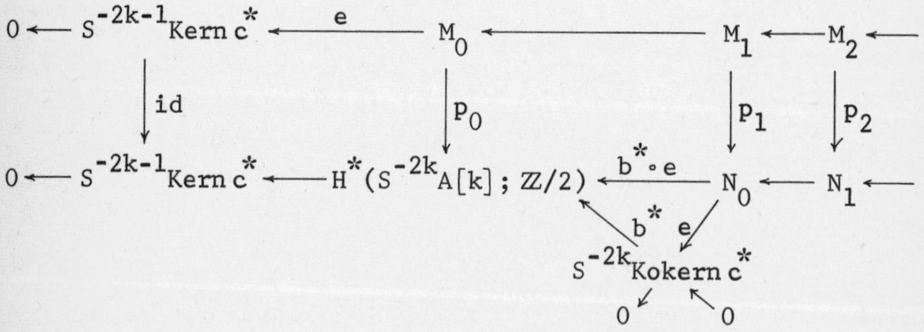

$$
\begin{array}{ccccccc}
0 \leftarrow S^{-2k-1}\text{Kern }c^* & \xleftarrow{\ e\ } & M_0 & \leftarrow & M_1 & \leftarrow M_2 \leftarrow \\
\downarrow \text{id} & & \downarrow p_0 & & \downarrow p_1 & \downarrow p_2 \\
0 \leftarrow S^{-2k-1}\text{Kern }c^* & \leftarrow H^*(S^{-2k}A[k]; \mathbb{Z}/2) & \xleftarrow{\ b^* \circ e\ } & N_0 & \leftarrow N_1 \leftarrow \\
\end{array}
$$

$$S^{-2k}\text{Kokern }c^*$$

Dann ist

(**) $0 \leftarrow H^*(S^{-2k}A[k]; \mathbb{Z}/2) \xleftarrow{\ e\ } M_0 \oplus N_0 \xleftarrow{\ d\ } M_1 \oplus N_1 \xleftarrow{\ d\ } M_2 \oplus N_2 \leftarrow$

mit $e(m_0, n_0) := p_0(m_0) - b^* \circ e(n_0)$ und $d(m_s, n_s) := (d(m_s), p_s(m_s) - d(n_s))$ eine freie Auflösung.

Aus Satz 11.1 folgt:

$$p_1(h_0\bar{a}^{0,0}) \equiv \bar{b}^{0,1} \bmod I(A)N_0 \qquad \text{für } k \equiv 2 \bmod 8$$

$$p_1(a^{1,2}) \equiv b^{0,2} \bmod I(A)N_0 \qquad \text{für } k \equiv 4 \bmod 8$$

Zu ii): $p_1(a^{1,2}) \equiv b^{0,2} \bmod I(A)N_0 \Rightarrow p_1(a^{1,2}) = b^{0,2}$

$$\Rightarrow dp_2(a^{2,4}) = p_1(Sq^2 a^{1,2} + Sq^3 h_0 \bar{a}^{0,0}) = Sq^2 b^{0,2} \Rightarrow p_2(\ ^{2,4}) = b^{1,4}$$

$$\Rightarrow dp_3(\bar{a}^{3,7}) = p_2 d(\bar{a}^{3,7}) = p_2(Sq^3 a^{2,4} + Sq^5 h_0^2 \bar{a}^{0,0}) = Sq^3 b^{1,4}$$

$$\Rightarrow p_3(\bar{a}^{3,7}) = \bar{b}^{2,7} \Rightarrow d_1(\bar{b}_*^{2,7}) = \bar{a}_*^{3,7} \Rightarrow d_1(h_0^r \bar{b}_*^{2,7}) = h_0^r \bar{a}_*^{3,7}$$

Zu i): Wir berechnen zunächst $e \circ p_1 : N_1 \longrightarrow S^{-2k}\text{Kokern}\, c^*$:

$p_1(h_0\bar{a}^{0,0}) \equiv \bar{b}^{0,1} \bmod I(A)N_0 \Rightarrow p_1(h_0\bar{a}^{0,0}) = \bar{b}^{0,1} \Rightarrow$

$ep_1(h_0\bar{a}^{0,0}) = \phi(i_k Sq^1 i_k)$

<u>Bestimmung von $ep_1(\bar{a}^{1,5})$</u>:

$$d(h_0\bar{a}^{1,5}) = Sq^1\bar{a}^{1,5} \Rightarrow$$

(1) $0 = edp_2(h_0\bar{a}^{1,5}) = ep_1 d(h_0\bar{a}^{1,5}) = ep_1(Sq^1\bar{a}^{1,5}) = Sq^1(ep_1(\bar{a}^{1,5}))$

$$d(h_1\bar{a}^{1,5}) = Sq^2\bar{a}^{1,5} + Sq^6 h_0\bar{a}^{0,0} \Rightarrow$$

(2) $0 = edp_2(h_1\bar{a}^{1,5}) = Sq^2(ep_1(\bar{a}^{1,5})) + Sq^6(ep_1(h_0\bar{a}^{0,0})) =$
$Sq^2(ep_1(\bar{a}^{1,5})) + Sq^6(\phi(i_k Sq^1 i_k))$

<u>Hilfssatz</u>: $ep_1(\bar{a}^{1,5}) = \phi(i_k Sq^5 i_k) + \phi((Sq^1 i_k)(Sq^4 i_k))$ ist die einzige Lösung der Gleichungen (1) und (2).

<u>Beweis</u>: Aus (1) folgt, daß $ep_1(\bar{a}^{1,5})$ in dem Unterraum von $S^{-2k}\text{Kokern}\, c^*$ liegt, der von den Elementen $\phi(i_k Sq^5 i_k + (Sq^1 i_k)(Sq^4 i_k))$ und $\phi((Sq^1 i_k)(Sq^3 Sq^1 i_k))$ aufgespannt wird.
Für ein Element $a \in (S^{-2k}\text{Kokern}\, c^*)^7$ bezeichne $K_{0;6,1}(a)$ (bzw. $K_{2,1;3,1}(a)$) den Koeffizienten von $\phi(i_k Sq^6 Sq^1 i_k)$ (bzw. $\phi(Sq^2 Sq^1 i_k\ Sq^3 Sq^1 i_k)$) in der Basisdarstellung von a (siehe 4.8 und 4.10), und K(a) das Tupel $(K_{0;6,1}(a), K_{2,1;3,1}(a))$.
Wegen (2) gilt $K(Sq^2(ep_1(\bar{a}^{1,5}))) = K(Sq^6\phi(i_k Sq^1 i_k)) = (1,0)$.

$$K(Sq^2\phi(i_k Sq^5 i_k + (Sq^1 i_k)(Sq^4 i_k))) = (0,1)$$

$$K(Sq^2\phi((Sq^1 i_k)(Sq^3 Sq^1 i_k))) = (0,1)$$

$$\Rightarrow ep_1(\bar{a}^{1,5}) = \phi(i_k Sq^5 i_k + (Sq^1 i_k)(Sq^4 i_k))$$

Damit ist der Hilfssatz bewiesen.

<u>Bestimmung von $ep_1(a^{1,6})$</u>:

$$d(h_1 a^{1,6}) = Sq^2 a^{1,6} + Sq^7 h_0 \bar{a}^{0,0} \quad \Rightarrow$$

$$(3) \quad 0 = Sq^2(ep_1(a^{1,6})) + Sq^7(ep_1(h_0\bar{a}^{0,0})) = Sq^2(ep_1(a^{1,6})) + Sq^7\phi(i_k Sq^1 i_k)$$

<u>Hilfssatz</u>: Es sei $u := \phi((Sq^2 i_k)(Sq^3 Sq^1 i_k)) \in (S^{-2k}\text{Kokern}\, c^*)^6$, und U der von u aufgespannte Unterraum. Dann folgt aus (3):

$$ep_1(a^{1,6}) \in \phi(i_k Sq^6 i_k + (Sq^1 i_k)(Sq^5 i_k) + (Sq^2 i_k)(Sq^4 i_k)) + U$$

<u>Beweis</u>: Der Unterraum U ist die Lösungsmenge der homogenen Gleichung $Sq^2 x = 0$, denn Anwenden von Sq^2 auf die ersten vier Elemente der Basis

$\phi(i_k Sq^6 i_k)$, $\phi(i_k Sq^4 Sq^2 i_k)$, $\phi((Sq^1 i_k)(Sq^5 i_k))$, $\phi((Sq^2 i_k)(Sq^4 i_k))$,

$\phi((Sq^2 i_k)(Sq^3 Sq^1 i_k))$

von $(S^{-2k}\text{Kokern}\, c^*)^6$ liefert linear unabhängige Elemente von $(S^{-2k}\text{Kokern}\, c^*)^8$, und $Sq^2\, \phi((Sq^2 i_k)(Sq^3 Sq^1 i_k)) = 0$.

Aus der Gleichung

$$Sq^2\phi(i_k Sq^6 i_k + (Sq^1 i_k)(Sq^5 i_k) + (Sq^2 i_k)(Sq^4 i_k)) = Sq^7\phi(i_k Sq^1 i_k)$$

folgt dann, daß $ep_1(a^{1,6})$ als Lösung der inhomogenen Gleichung (3) in der Nebenklasse $\phi(i_k Sq^6 i_k + (Sq^1 i_k)(Sq^5 i_k) + (Sq^2 i_k)(Sq^4 i_k)) + U$ liegt, womit der Hilfssatz bewiesen ist.

Zusammenfassend ergibt sich:

$$ep_1(h_0\bar{a}^{0,0}) = \phi(i_k Sq^1 i_k)$$

$$ep_1(\bar{a}^{1,5}) = \phi(i_k Sq^5 i_k + (Sq^1 i_k)(Sq^4 i_k))$$

$$ep_1(a^{1,6}) = \phi(i_k Sq^6 i_k + (Sq^1 i_k)(Sq^5 i_k) + (Sq^2 i_k)(Sq^4 i_k)) \qquad \text{(Fall I)}$$

oder

$$ep_1(a^{1,6}) = \phi(i_k Sq^6 i_k + (Sq^1 i_k)(Sq^5 i_k) + (Sq^2 i_k)(Sq^4 i_k)) + u \qquad \text{(Fall II)}$$

$$\text{mit } u := \phi((Sq^2 i_k)(Sq^3 Sq^1 i_k))$$

Also kann man p_1 folgendermaßen wählen:

$$p_1(h_0\bar{a}^{0,0}) := \bar{b}^{0,1}$$

$$p_1(\bar{a}^{1,5}) := Sq^1 b^{0,4}$$

$$p_1(a^{1,6}) := \begin{cases} Sq^2 b^{0,4} & \text{im Fall I} \\ Sq^2 b^{0,4} + Sq^5 \bar{b}^{0,1} & \text{im Fall II} \end{cases}$$

Man rechnet nach, daß die folgende Wahl von $p_2 : M_2 \longrightarrow N_1$ das Diagramm (*) kommutativ ergänzt:

$$p_2(h_0^2\bar{a}^{0,0}) := h_0\bar{b}^{0,1} \qquad p_2(h_0\bar{a}^{1,5}) := 0 \qquad p_2(a^{2,7}) := Sq^2 b^{1,5}$$

$$p_2(a^{2,8}) := \begin{cases} Sq^3 b^{1,5} & \text{im Fall I} \\ Sq^3 b^{1,5} + Sq^6 h_0 \bar{b}^{0,1} & \text{im Fall II} \end{cases}$$

Damit kennt man die Randabbildungen in der Auflösung (**), und es ist leicht nachzurechnen, daß d_1 und H_i^* auf dem zu (**) dualen E_1 - Term wie behauptet operieren.

Q.E.D.

<u>11.5 Satz</u>:

Es sei $k \geqslant 9$. Dann gilt:

für $k \equiv 0 \mod 8$: $d_2(a_*^{0,1}) = 0$ $\quad d_2(h_1\bar{a}_*^{0,0}) = 0$ $\quad d_2(a_*^{0,3}) = 0$

für $k \equiv 1 \mod 8$: $d_2(a_*^{0,2}) = 0$ $\quad d_2(h_0^r \bar{a}_*^{1,3}) = h_0^{r+3}\bar{b}_*^{0,1}$

für $k \equiv 2 \mod 8$: $d_2(a_*^{0,5}) = 0$ $\quad d_2(b_*^{0,5}) = 0$ $\quad d_2(a_*^{1,6}) = 0$

$d_2(a_*^{2,7}) = 0$

für $k \equiv 4 \mod 8$: $d_2(a_*^{0,1}) = 0$

<u>11.6 Bemerkung</u>:

Dieser Satz läßt im betrachteten Dimensionsbereich $t-s \leqslant 6$ zwei Fälle offen, nämlich $d_2(b_*^{0,6})$ für $k \equiv 2 \mod 8$, und $d_2(\bar{b}_*^{0,4})$ für $k \equiv 4 \mod 8$.

Die multiplikative Struktur schließt die Möglichkeit $d_2(b_*^{0,6}) = h_1\bar{a}_*^{1,5}$ nicht aus: Die Gleichung $0 = d_2(h_1 b_*^{0,6}) = h_1^2\bar{a}_*^{1,5}$ stellt keinen Widerspruch dar, denn man kann zeigen, daß das Element $h_1^2\bar{a}_*^{1,5}$ von einem d_1 - Differential getroffen wird, d.h. daß $h_1^2\bar{a}_*^{1,5}$ null ist als Element des E_2 - Termes.

Die Ergebnisse von §8 zeigen, wie sich die Frage nach diesen Differentialen in ein geometrisches Problem übersetzen läßt:
Es gilt $d_2(\bar{b}_*^{0,4}) = 0$ (bzw. $d_2(b_*^{0,6}) = 0$) genau dann, wenn es eine (k-1)-zusammenhängende, fast geschlossene Mannigfaltigkeit der Dimension 2k+4 (bzw. 2k+6) gibt mit $n_k Sq^4 n_k \neq 0$ (bzw. $n_k Sq^6 n_k \neq 0$).

Beweis von Satz 11.5:
Wir zeigen zunächst $d_2(h_0^r \bar{a}_*^{1,3}) = h_0^{r+3} \bar{b}_*^{0,1}$ für $k \equiv 1 \bmod 8$. Die Beweisidee besteht darin, eine Abbildung $f\colon S^{-2k}A[k] \longrightarrow SK\mathbb{Z}/4$ zu konstruieren und die Adams - Spektralsequenzen von $S^{-2k}A[k]$ und $SK\mathbb{Z}/4$ zu vergleichen.
Zur Konstruktion von f:
Wir konstruieren f als Leiterergänzung in dem kommutativen Diagramm

$$\begin{array}{ccccccc} S^{-2k-1}MO[k]/S^0 & \xrightarrow{c} & S^{-2k-1}bo\langle k\rangle & \xrightarrow{d} & S^{-2k}A[k] & \xrightarrow{b} & S^{-2k}MO[k]/S^0 \\ \downarrow{\scriptstyle \phi(i_k Sq^1 i_k)} & & \downarrow{\scriptstyle Sq^{k+1}Sq^1 j_k} & & \downarrow{\scriptstyle f} & & \downarrow{\scriptstyle \phi(i_k Sq^1 i_k)} \\ K\mathbb{Z}/2 & \xrightarrow{Sq^1\iota} & SK\mathbb{Z}/2 & \xrightarrow{i} & SK\mathbb{Z}/4 & \xrightarrow{p} & SK\mathbb{Z}/2 \end{array}$$

Hierbei identifizieren wir Kohomologieklassen mit Abbildungen in Eilenberg - MacLane Spektren. Die untere Kofaserfolge gehört zu der kurzen exakten Sequenz $0 \to \mathbb{Z}/2 \to \mathbb{Z}/4 \to \mathbb{Z}/2 \to 0$.
Zu der Adams - Spektralsequenz von $SK\mathbb{Z}/4$:
Die $\mathbb{Z}/2$ - Kohomologie von $SK\mathbb{Z}/4$ ist als A - Modul isomorph zu $S(A/ASq^1) \oplus S^2(A/ASq^1)$. Also hat $H^*(SK\mathbb{Z}/4;\mathbb{Z}/2)$ eine besonders einfache fast-freie Auflösung, und mit Satz 6.14 ergeben sich die Ext - Gruppen:

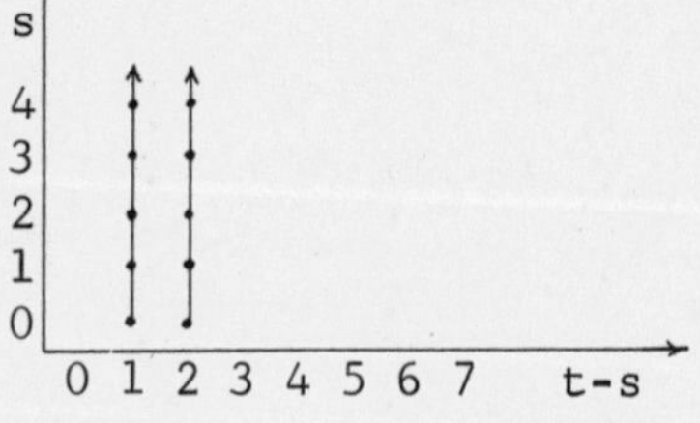

$Ext_A^{s,t}(H^*(SK\mathbb{Z}/4;\mathbb{Z}/2))$

Um die induzierte Abbildung

$$f_*: \mathrm{Ext}_A^{s,t}(H^*(S^{-2k}A[k]; \mathbb{Z}/2)) \longrightarrow \mathrm{Ext}_A^{s,t}(H^*(SK\,\mathbb{Z}/4; \mathbb{Z}/2))$$

zu bestimmen, berechnet man die Homomorphismen

$$(Sq^{k+1}Sq^1 j_k)_*: \mathrm{Ext}_A^{s,t}(S^{-2k-1}\mathrm{Kern}\, c^*) \longrightarrow \mathrm{Ext}_A^{s,t}(S\mathrm{Kern}(Sq^1\iota)^*)$$

$$\phi(i_k Sq^1 i_k)_*: \mathrm{Ext}_A^{s,t}(S^{-2k}\mathrm{Kokern}\, c^*) \longrightarrow \mathrm{Ext}_A^{s,t}(\mathrm{Kokern}(Sq^1\iota)^*)$$

und benutzt das von dem obigen Diagramm induzierte Ext - Diagramm.

Es ergibt sich: $\quad f_*(\bar{a}_*^{1,3}) = h_0\bar{c}_*^{0,2} \qquad f_*(\bar{b}_*^{0,1}) = \bar{c}_*^{0,1}$,

wobei wir mit $\bar{c}_*^{0,t}$, t=1,2 , die Erzeuger von $\mathrm{Ext}_A^{0,t}(H^*(SK\,\mathbb{Z}/4; \mathbb{Z}/2)$ bezeichnen.

Der Isomorphismus $\pi_1(SK\,\mathbb{Z}/4) \cong \mathbb{Z}/4$ impliziert $d_2(h_0^r\bar{c}_*^{0,2}) = h_0^{r+2}\bar{c}_*^{0,1}$, und wegen Natürlichkeit folgt $d_2(h_0^r\bar{a}_*^{1,3}) = h_0^{r+3}\bar{b}_*^{0,1}$.

Zum Beweis von $d_2(a_*^{0,3}) = 0$ für $k \equiv 0 \bmod 8$ sei daran erinnert, daß in 8.4 eine (k-1)-zusammenhängende, fast geschlossene Mannigfaltigkeit $P(\alpha,\beta)$ der Dimension 2k+3 konstruiert wurde mit der Eigenschaft, daß die von $T(P(\alpha,\beta)) \in \pi_{2k+3}(A[k])$ in der $\mathbb{Z}/2$ - Kohomologie induzierte Abbildung ungleich null ist.

Es folgt, daß $T(P(\alpha,\beta))$ unter dem Kantenhomomorphismus (siehe 5.2 vi)

$$H: \pi_3(S^{-2k}A[k]) \longrightarrow E_2^{0,3}(S^{-2k}A[k])$$

auf $a_*^{0,3}$ abgebildet wird. Insbesondere gilt $d_2(a_*^{0,3}) = 0$.

Die behauptete Trivialität der übrigen Differentiale fogt aus der multiplikativen Struktur. Z.B. für $k \equiv 0 \bmod 8$ führt die Annahme $d_2(a_*^{0,1}) \neq 0$ zu $d_2(a_*^{0,1}) = h_0^2\bar{a}_*^{0,0}$, woraus sich der Widerspruch

$$0 = d_2(h_0 a_*^{0,1}) = h_0 d_2(a_*^{0,1}) = h_0^3\bar{a}_*^{0,0} \neq 0$$

ergibt. Der Beweis in den anderen Fällen ist vollständig analog.

Q.E.D.

Die folgenden Diagramme zeigen den E_2 - Term der Adams - Spektralsequenz von A[k]:

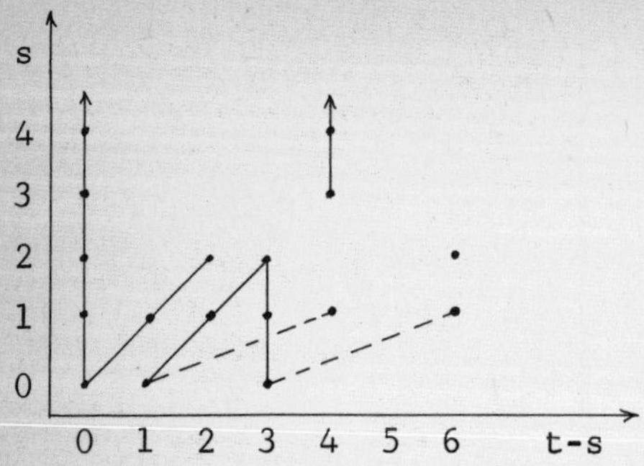

$k \equiv 0 \bmod 8$

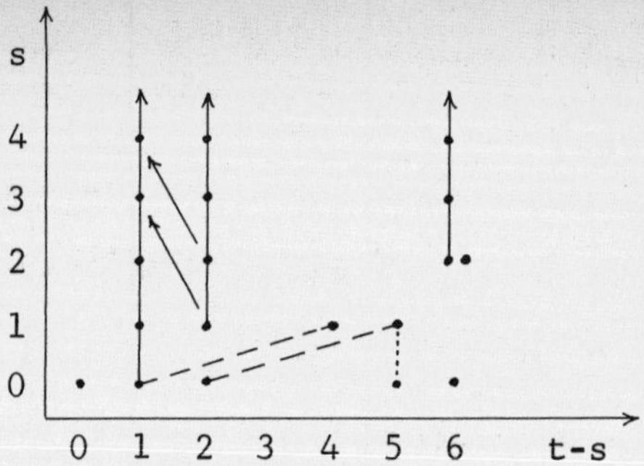

$k \equiv 1 \bmod 8$

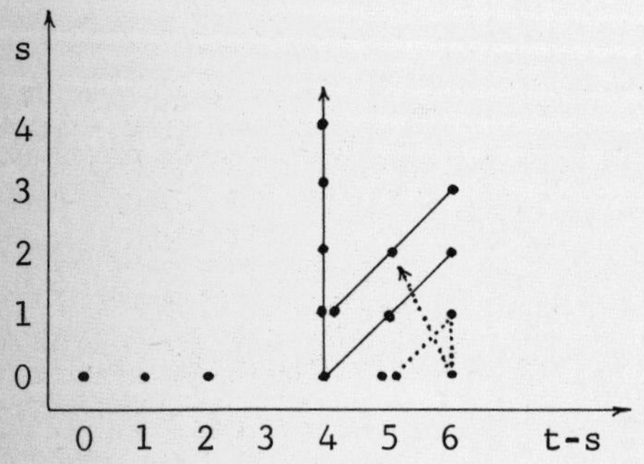

$k \equiv 2 \bmod 8$

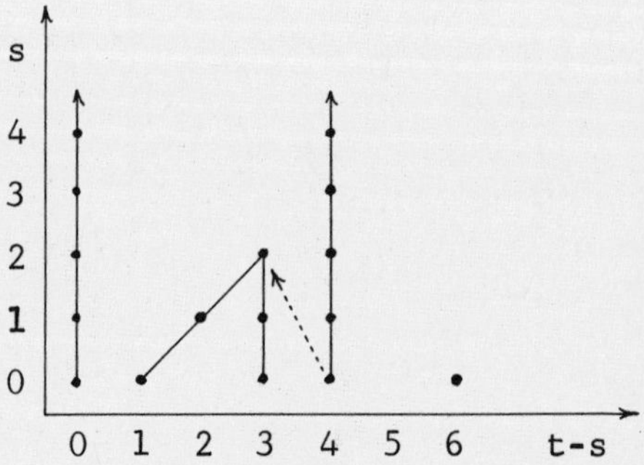

$k \equiv 4 \bmod 8$

im Fall $d_1(\bar{b}_*^{0,4}) = 0$

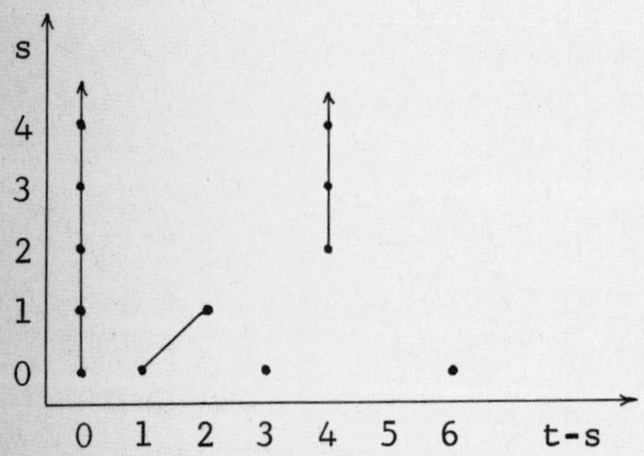

$k \equiv 4 \bmod 8$

im Fall $d_1(\bar{b}_*^{0,4}) \neq 0$

(11.7) $E_2^{s,t}(S^{-2k}A[k])$ für $k \geq 9$

Erläuterungen:

i) Die Punkte in der Spalte t-s=6 repräsentieren d_1 - Zykel. Z.B. ist $h_1^2\bar{a}_*^{1,5}$ für $k \equiv 2 \bmod 8$ ein d_1 - Zykel, der im Bild von d_1 liegt, d.h. null ist als Element von $E_2^{3,9}(S^{-2k}A[k])$.

ii) Für $k \equiv 2 \bmod 8$ repräsentieren die beiden Punkte an der Stelle $s=1$, $t-s=4$ die Basiselemente $\bar{a}_*^{1,5} + b_*^{1,5}$ und $b_*^{1,5}$.

iii) Die gepunkteten Pfeile repräsentieren die beiden d_2 - Differentiale, bei denen offen bleibt, ob sie trivial sind.

An den Diagrammen 11.7 kann man ablesen, daß alle höheren Differentiale verschwinden (wie bei r=2 folgt $d_r(a_*^{0,3}) = 0$ für $k \equiv 0 \bmod 8$). Für $k \equiv 0 \bmod 8$ z.B. führt die Annahme $d_r(a_*^{0,1}) \neq 0$ zu $d_r(a_*^{0,1}) = h_0^r \bar{a}_*^{0,0}$, und aus der multiplikativen Struktur ergibt sich dann der Widerspruch

$$0 = d_r(h_0 a_*^{0,1}) = h_0 d_r(a_*^{0,1}) = h_0^{r+1} \bar{a}_*^{0,0} \neq 0.$$

Darüberhinaus lassen sich mithilfe der multiplikativen Struktur alle Erweiterungsprobleme lösen:
Z.B. ist $\pi_1(S^{-2k}A[k])$ für $k \equiv 1 \bmod 8$ isomorph zu $\mathbb{Z}/8$ (und nicht $\mathbb{Z}/2 \oplus \mathbb{Z}/2 \oplus \mathbb{Z}/2$ oder $\mathbb{Z}/2 \oplus \mathbb{Z}/4$). Denn wenn $a \in \pi_1(S^{-2k}A[k])$ ein Repräsentant von $\bar{a}_*^{0,1} \in E_\infty^{0,1}(S^{-2k}A[k])$ ist, dann repräsentiert $4a \in \pi_1(S^{-2k}A[k])$ das Element $h_0^2 \bar{a}_*^{0,1} \neq 0$. Insbesondere gilt $4a \neq 0$, was die beiden anderen Alternativen ausschließt.
Für $k \equiv 0 \bmod 8$ gilt $\pi_4(S^{-2k}A[k]) \cong \mathbb{Z} \oplus \mathbb{Z}/2$ (und nicht $\pi_4(S^{-2k}A[k]) \cong \mathbb{Z}$), denn wenn $a \in \pi_1(S^{-2k}A[k])$ ein Repräsentant von $a_*^{0,1}$ ist, dann repräsentiert $a \circ \nu$ das Element $h_2 a_*^{0,1}$. Aber $a \circ \nu$ hat endliche Ordnung, was die zweite Alternative ausschließt.

Nach Korollar 7.2 verschwindet für $k \geq 9$, $d < 8$ die ungerade Torsion von $\pi_d(S^{-2k}A[k])$. Zusammenfassend ergibt sich aus den Diagrammen 11.7:

<u>11.8 Satz</u>:

Die folgende Tabelle zeigt die Gruppen $\pi_{2k+d}(A[k])$ für $k \geq 9$, $d \leq 5$:

k mod 8 \ d	0	1	2	3	4	5
0	$\mathbb{Z}$	$\mathbb{Z}/2 \oplus \mathbb{Z}/2$	$\mathbb{Z}/2 \oplus \mathbb{Z}/2$	$\mathbb{Z}/8$	$\mathbb{Z} \oplus \mathbb{Z}/2$	0
1	$\mathbb{Z}/2$	$\mathbb{Z}/8$	$\mathbb{Z}/2$	0	$\mathbb{Z}/2$	A
2	$\mathbb{Z}/2$	$\mathbb{Z}/2$	$\mathbb{Z}/2$	0	$\mathbb{Z} \oplus \mathbb{Z}/2$	B
4	$\mathbb{Z}$	$\mathbb{Z}/2$	$\mathbb{Z}/2$	C	$\mathbb{Z}$	0

Hierbei ist

$A = \mathbb{Z}/2 \oplus \mathbb{Z}/2$ oder $\mathbb{Z}/4$

$B = (\mathbb{Z}/2)^4$ oder $(\mathbb{Z}/2)^2 \oplus \mathbb{Z}/4$ oder $(\mathbb{Z}/2)^3$

$C = \mathbb{Z}/8$ oder $\mathbb{Z}/4$ oder $\mathbb{Z}/2$

<u>11.9 Bemerkung</u>:

Die Gruppen $A_m^{<k>}$ wurden für $m = 2k$ und $m = 2k+1$ von C.T.C.Wall berechnet [Wall VI; Thm.9, Thm.11]. Für $k \equiv 2 \bmod 8$ stimmt sei Ergebnis $A_{2k+1}^{<k>} = 0$ nicht mit dem meinen $A_{2k+1}^{<k>} \cong \Omega_{2k+1}^{<k>,fr}/\mathrm{Bild}\,\overline{J} \cong \pi_{2k+1}(A[k]) \cong \mathbb{Z}/2$ überein.

Der Fehler in der Wall'schen Berechnung scheint mir der folgende zu sein:

Im Beweis von Thm.9 behauptet er, daß zwei (k-1)-zusammenhängende, fast geschlossene Mannigfaltigkeiten M_1, M_2 der Dimension 2k+1, $k \equiv 2 \bmod 8$ mit $H_k(M_i;\mathbb{Z}) \cong \mathbb{Z}/2 \oplus \mathbb{Z}/2$ und $\alpha(M_i) \neq 0$ diffeomorph sind. Im Widerspruch dazu gibt es nach [Wall VI, Thm.7] solche Mannigfaltigkeiten M_1, M_2 mit $\hat{\phi}(M_1) = 0$, $\hat{\phi}(M_2) \neq 0$. Zur Definition dieser $\hat{\phi}$- Invariante wird auf Teil VII vewiesen, der nie erschienen ist (vgl. 15.2 und 15.3).

§12 Die Kokern J - Komponente von $\partial: A_m^{<k>} \longrightarrow \theta_{m-1}$

In diesem Paragraphen zeigen wir, daß die Kokern J - Komponente des Randhomomorphismus ∂ in vielen Fällen trivial ist, d.h. daß das Bild von ∂ in bP_m liegt (für die Definition von bP_m siehe 1.3).
Das Bild von ∂ umfasst immer die Untergruppe $bP_m \subset \theta_{m-1}$, denn die Milnor- bzw. Kervaire - Mannigfaltigkeit, die in 1.8 beschrieben wurde, ist eine (k-1)-zusammenhängende Mannigfaltigkeit der Dimension 2k, deren Rand die Untergruppe bP_{2k} erzeugt (wir setzen immer $m \geqslant 2k$ voraus).
Die Umkehrung, d.h. Bild $\partial \subset bP_m$, gilt im allgemeinen nicht, wie von D.Frank gezeigt wurde [Frank 1, Example 1]. In Satz 12.1 geben wir drei Beispiele von geplumbten Mannigfaltigkeiten $P(\alpha,\beta)$ mit $\partial P(\alpha,\beta) \notin bP_m$.
Zur Erinnerung: Wenn α ein q-dimensionales Vektorbündel über S^p ist, und β ein p-dimensionales Vektorbündel über S^q mit $p<q$, dann bezeichnen wir mit $P(\alpha,\beta)$ die (p-1)-zusammenhängende, fast geschlossene Mannigfaltigkeit, die durch Plumben der Scheibenbündel von α und β entsteht (siehe [Browder 1,Kap.V,§2]).
Der folgende Satz ist eine Umformulierung von Resultaten von [Bier - Ray] und [Kosinski 2]. Die Aussage 12.1 (i) wurde für n=1 von D.Frank mit anderen Methoden bewiesen ([Frank 1, Example 1]).

Satz 12.1:

i) Für n = 1,2 sei β das 4n - dimensionale Vektorbündel über S^{4n+1} mit charakteristischer Abbildung

$$S^{4n} \xrightarrow{\eta} S^{4n-1} \xrightarrow{K} SO_{4n}$$

(η = Erzeuger von $\pi_{4n}(S^{4n-1}) \cong \mathbb{Z}/2$, K = quaternionelle bzw. Cayley-Konjugation), und α das (4n+1)-dimensionale Vektorbündel über S^{4n}, das dem Erzeuger von $\pi_{4n}(BO) \cong \mathbb{Z}$ entspricht.
Dann repräsentiert $\partial P(\alpha,\beta)$ das nichttriviale Element von π_{8n}^s/Bild J (π_{8n}^s/Bild J $\cong \mathbb{Z}/2$).

ii) Es sei β ein 9-dimensionales Vektorbündel über S^{11}, dessen Whitney-

Summe mit dem 2-dimensionalen trivialen Bündel das Tangentialbündel von S^{11} ist, und α sei das 11-dimensionale Vektorbündel über S^9, das dem Erzeuger von $\pi_9(BO) \cong \mathbb{Z}/2$ entspricht.
Dann repräsentiert $\partial P(\alpha,\beta)$ das nichttriviale Element von $\pi_{19}^s/\text{Bild}\, J$ ($\pi_{19}^s/\text{Bild}\, J \cong \mathbb{Z}/2$).

Beweis:
Wir betrachten zunächst die folgende allgemeine Situation:
Es sei β ein p-dimensionales, stabil triviales Vektorbündel über S^q, $p<q$, und ϕ eine Rahmung des Sphärenbündels $S(\beta)$.
Das Normalenbündel der Faser $S^{p-1} \hookrightarrow S(\beta)$ hat zwei Trivialisierungen: Eine Standardtrivialisierung als Einschränkung des Normalenbündels der Einbettung $D^p \hookrightarrow D(\beta)$ (= Scheibenbündel von β) und eine von ϕ induzierte. Es sei α das q-dimensionale Vektorbündel über S^p, dessen charakteristische Abbildung den Unterschied zwischen diesen Trivialisierungen mißt.
Durch Surgery auf der Einbettung $S^{p-1} \hookrightarrow S(\beta)$ (bezüglich der von ϕ induzierten Trivialisierung des Normalenbündels) entsteht eine zu $(S(\beta),\phi)$ bordante gerahmte Homotopiesphäre (Σ,ϕ').
Weil $S(\beta)$ das Scheibenbündel $D(\beta)$ berandet, ist Σ der Rand von

$$D(\beta) \cup_{S^{p-1} \times D^q} D^p \times D^q = P(\alpha,\beta) .$$

Mit anderen Worten: $P(\alpha,\beta)$ und $(S(\beta),\phi)$ repräsentieren das gleiche Element in $\pi_{p+q}^s/\text{Bild}\, J$.

Zu i): In [Bier - Ray] wird gezeigt, daß $S(\beta)$ mit einer geeigneten Rahmung ϕ das nichttriviale Element in $\pi_{8n}^s/\text{Bild}\, J$ repräsentiert. ϕ entsteht aus der 'Standardrahmung', die $S(\beta)$ als Rand von $D(\beta)$ hat, durch Umrahmen mittels einer Abbildung $f\colon S(\beta) \longrightarrow SO$. Die Einschränkung von f auf eine geeignete Faser S^{4n-1} ist durch die quaternionelle bzw. Cayley - Linksmultiplikation gegeben, d.h. repräsentiert einen Erzeuger von $\pi_{4n-1}(SO)$. Mit dem oben gesagten folgt die Behauptung.

Zu ii): In [Kosinski 2,4.6] wird gezeigt, daß das Sphärenbündel eines geeigneten 9-dimensionalen Vektorbündels β' über S^{11} mit einer geeigneten Rahmung das nichttriviale Element von $\pi_{19}^s/\text{Bild}\, J$ repräsentiert.

Also repräsentiert $P(\alpha',\beta')$ für ein geeignetes 11-dimensionales Vektorbündel α' über S^9 das nichttriviale Element von $\pi_{19}^s/\text{Bild}\,J$.
Die Vektorbündel α' und β' sind nicht trivial, denn sonst wäre $P(\alpha',\beta')$ nullbordant (Lemma 10.2) und folglich $\partial P(\alpha',\beta')$ diffeomorph zur Standardsphäre.
Wegen $\pi_9(BO_{11}) \cong \mathbb{Z}/2$ und $\pi_{11}(BO_9) \cong \mathbb{Z}/2$ folgt $\alpha' = \alpha$ und $\beta' = \beta$.

Q.E.D.

Weitere Beispiele von hochzusammenhängenden, fast geschlossenen Mannigfaltigkeiten, deren Ränder nicht in bP liegen, erhält man, wenn man die den obigen Beispielen entsprechenden Elemente in $\pi_*(A[k])$ mit η bzw. ν komponiert und diese Homotopieelemente wieder durch Mannigfaltigkeiten repräsentiert (aus 9.2 und 10.4 folgt, daß man sie durch geplumbte Mannigfaltigkeiten repräsentieren kann).
Die folgenden Sätze zeigen, daß der Rand einer hochzusammenhängenden, fast geschlossenen Mannigfaltigkeit M der Dimension m in vielen Fällen in bP_m liegt. Für m ungerade heißt das insbesondere, daß ∂M diffeomorph zur Standardsphäre ist.

<u>12.2 Satz</u>:

Es sei M eine (k-1)-zusammenhängende, fast geschlossene Mannigfaltigkeit der Dimension m, mit $k \equiv 2 \bmod 8$, $2k \leq m \leq 2k+4$, $k > 10$ für $m = 2k+2$, und $k \geq 10$ in den übrigen Fällen.

Dann gilt $\partial M \in bP_m$.

Diese Aussage wurde für $m = 2k$, $k > 10$ von R.Schultz bewiesen [Schultz, Cor.3.2].

<u>12.3 Satz</u>:

Es sei M eine (k-1)-zusammenhängende, fast geschlossene Mannigfaltigkeit der Dimension m mit $k > 2$, sodaß für $\bar{\eta}([M]) \in \Omega_m^{<k>,fr}/\text{Bild}\,\bar{J}$ gilt $2\bar{\eta}([M]) = 0$ (siehe 1.8). Ferner sei $5h(k-1) > m + 5[\log_2 m] + 13$. Dann gilt $\partial M \in bP_m$.

Hierbei bezeichnet $\log_2 m$ den Logarithmus von m zur Basis 2, [a] für eine reelle Zahl a die Gaussklammer von a, d.h. $[a] = \max\{n \in \mathbb{Z} / n \leq a\}$,

und $h(k-1) = \#\{s \in \mathbb{N} \ / \ s \equiv 0,1,2,4 \bmod 8 \ , \ 0 < s \leq k-1\}$.
Die Berechnungen von §11 zeigen, daß die Torsion von $\Omega_m^{<k>,fr}/\text{Bild}\,\overline{J}$ $\cong \pi_m(A[k])$ für $k > 2$, $2k \leq m \leq 2k+5$ häufig 2-Torsion ist. In diesen Fällen gilt $2\overline{\eta}([M]) = 0$ genau dann, wenn $\overline{\eta}([M])$ endliche Ordnung hat, und dies ist nach Lemma 12.6 äquivalent zum Verschwinden der zerlegbaren Pontrjagin - Zahlen von M. So erhält man:

<u>12.4 Korollar</u>:

Es sei M eine (k-1)-zusammenhängende, fast geschlossene Mannigfaltigkeit der Dimension m, deren zerlegbare Pontrjagin - Zahlen verschwinden. Ferner sei $m = 2s+d$ mit $s = \min\{t \in \mathbb{N} \ / \ t \geq k, t \equiv 0,1,2,4 \bmod 8\}$, $d \leq 5$, $s \geq 113$, und $s \not\equiv 1 \bmod 8$ für $d = 1$; $s \not\equiv 0,4 \bmod 8$ für $d = 3$; $s \not\equiv 1,2 \bmod 8$ für $d = 5$. Dann gilt $\partial M \in bP_m$.
(Wegen $s \geq 113$ gilt $5h(s-1) > m + 5[\log_2 m] + 13$ für $2s \leq m \leq 2s+5$)

Zum Beweis der Sätze 12.2 und 12.3 benutzen wir das folgende Lemma:

<u>12.5 Lemma</u>:

Es sei M eine (k-1)-zusammenhängende, fast geschlossene Mannigfaltigkeit der Dimension m mit $2 < k \leq m/2$. T(M) bezeichne wie in §8 das Bild der Bordismusklasse von M unter der Komposition

$$A_m^{<k>} \xrightarrow{\overline{\eta}} \Omega_m^{<k>,fr}/\text{Bild}\,\overline{J} \xrightarrow{(pr \circ b_*)^{-1}} \pi_m(A[k]).$$

Dann gilt: $\partial M \in bP_m \iff \partial_* b_* T(M) \in \text{Bild}\, J \subset \pi_{m-1}^s$

Hierbei sind $\partial\colon MO[k]/S^0 \longrightarrow S^1$ und $b\colon A[k] \longrightarrow MO[k]/S^0$ die in §2 bzw. §3 beschriebenen Spektrenabbildungen.

<u>Beweis</u>:

Es bezeichne $[M] \in A_m^{<k>}$ die Bordismusklasse von M. In Satz 1.7 wurde gezeigt, daß das folgende Diagramm kommutativ und die horizontalen Sequenzen exakt sind:

$$
\begin{array}{ccccccccc}
\longrightarrow & P_m & \xrightarrow{\ \overline{\omega}\ } & A_m^{<k>} & \xrightarrow{\ \overline{\eta}\ } & \Omega_m^{<k>,fr}/\mathrm{Bild}\,\overline{J} & \longrightarrow \\
 & \downarrow{\scriptstyle pr} & & \downarrow{\scriptstyle \partial} & & \downarrow{\scriptstyle \partial} & \\
0 \longrightarrow & bP_m & \xrightarrow{\ \omega\ } & \Theta_{m-1} & \xrightarrow{\ \eta\ } & \Omega_{m-1}^{fr}/\mathrm{Bild}\,J & \longrightarrow
\end{array}
$$

Also folgt: $\partial M \varepsilon bP_m \iff \eta\circ\partial([M]) = 0 \iff \partial\circ\overline{\eta}([M]) = 0$.

Aus Satz 2.8 ergibt sich die Kommutativität des Diagrammes

$$
\begin{array}{ccccc}
\pi_m(A[k]) & \xrightarrow{\ b_*\ } & \pi_m(MO[k]/S^0) \cong \Omega_m^{<k>,fr} & \xrightarrow{\ pr\ } & \Omega_m^{<k>,fr}/\mathrm{Bild}\,\overline{J} \\
\downarrow{\scriptstyle \partial_*} & & \downarrow{\scriptstyle \partial} & & \downarrow{\scriptstyle \partial} \\
\pi_m^s(S^1) & \xrightarrow{\ \cong\ } & \Omega_{m-1}^{fr} & \xrightarrow{\ pr\ } & \Omega_{m-1}^{fr}/\mathrm{Bild}\,J
\end{array}
$$

(pr steht für Projektion). Nach Definition von $T(M)$ gilt $T(M) = (pr\circ b_*)^{-1}\circ\overline{\eta}([M])$, d.h. $pr\circ b_*(T([M])) = \overline{\eta}([M])$, und es folgt:

$$\partial\circ\overline{\eta}([M]) = 0 \iff \partial\circ pr\circ b_*(T(M)) = 0 \iff pr\circ\partial_*\circ b_*(T(M)) = 0$$

$$\iff \partial_*\circ b_*(T(M)) \varepsilon \ \mathrm{Bild}\,J$$

Q.E.D.

<u>Beweis von Satz 12.2</u>:

Die Projektion $BO\langle k\rangle \longrightarrow BO\langle k-1\rangle$ induziert Abbildungen $MO[k]/S^0 \longrightarrow MO[k-1]/S^0$ und $bo\langle k\rangle \longrightarrow bo\langle k-1\rangle$. Diese vertauschen mit $c: MO[k]/S^0 \longrightarrow bo\langle k\rangle$, sodaß man durch Leiterergänzung folgendes kommutative Diagramm erhält:

$$
\begin{array}{ccccc}
A[k] & \xrightarrow{\ b\ } & MO[k]/S^0 & \xrightarrow{\ c\ } & bo\langle k\rangle \\
\downarrow{\scriptstyle f_k} & & \downarrow & & \downarrow \\
A[k-1] & \xrightarrow{\ b\ } & MO[k-1]/S^0 & \xrightarrow{\ c\ } & bo\langle k-1\rangle
\end{array}
$$

Also faktorisiert die Komposition $\partial\circ b: A[k] \longrightarrow S^1$ in der Form

$$A[k] \xrightarrow{\ f_k\ } A[k-1] \xrightarrow{\ f_{k-1}\ } A[k-2] \rightarrow \ldots \rightarrow MO/S^0 \xrightarrow{\ \partial\ } S^1,$$

und es genügt zum Beweis des Satzes, die folgende Behauptung zu beweisen:

Zwischenbehauptung:

i) Es sei $k \equiv 2 \bmod 8$, k und $d = 0,1$ oder 3. Dann ist

$(f_k)_*: \pi_{2k+d}(A[k]) \longrightarrow \pi_{2k+d}(A[k-1])$ die Nullabbildung.

ii) Es sei $k \equiv 2 \bmod 8$ und $k > 10$. Dann ist

$(f_{k-1})_*: \pi_{2k+2}(A[k-1]) \longrightarrow \pi_{2k+2}(A[k-2])$ die Nullabbildung.

Beweis:

Zu i): Die Behauptung ist klar für $d = 1,3$; denn nach Satz 11.8 sind die Gruppen $\pi_{2k+1}(A[k-1])$ und $\pi_{2k+3}(A[k])$ trivial.

Für $d = 0$ ist die Abbildung

$$(f_k)_*: \pi_{2k}(A[k]) \cong \mathbb{Z}/2 \longrightarrow \pi_{2k}(A[k-1]) \cong \mathbb{Z}/2$$

trivial, weil, wie 11.7 zeigt, die Komposition mit $\nu \in \pi_3^s$ null ist für den Erzeuger von $\pi_{2k}(A[k])$, aber ungleich null für den Erzeuger von $\pi_{2k}(A[k-1])$.

Zu ii): Das Element $b_*^{1,5} = H_0^* b_*^{0,4} \in E_1^{1,5}(S^{-2(k-1)}A[k-1]) \cong E_1^{1,3}(S^{-2k}A[k-1])$ wird von

$$(f_{k-1})_1^{1,3}: E_1^{1,3}(S^{-2k}A[k-1]) \longrightarrow E_1^{1,3}(S^{-2k}A[k-2])$$

auf null abgebildet, denn

$$(f_{k-1})_1^{*,*}(H_0^* b_*^{0,4}) = H_0^*((f_{k-1})_1^{*,*}(b_*^{0,4})) = 0 \ .$$

Es repräsentiere $b \in \pi_2(S^{-2k}A[k-1])$ das Element $b_*^{1,5} \in E_1^{1,3}$. Das Diagramm 11.7 zeigt, daß b ein Erzeuger ist.

Aus $(f_{k-1})_1^{1,3}(b_*^{1,5}) = 0$ folgt, daß $(f_{k-1})_*(b) \in \pi_2(S^{-2k}A[k-2])$ mindestens Adams - Filtrierung zwei hat. Also folgt $(f_{k-1})_*(b) = 0$, denn $F_2\pi_2(S^{-2k}A[k-2]) = 0$, weil das Element

$$a_*^{2,8} = H_2^* a_*^{1,4} \in E_1^{2,4}(S^{-2k}A[k-2])$$

von einem Differential getroffen wird:

$$d_1(H_2^* \bar{b}_*^{0,4}) = H_2^* d_1(\bar{b}_*^{0,4}) = H_2^* a_*^{1,4} \ .$$

Q.E.D.

12.6 Lemma:

Es sei M eine (k-1)-zusammenhängende, fast geschlossene Mannigfaltigkeit der Dimension m mit $2 < k \leq m/2$.

Dann hat $T(M) \in \pi_m(A[k])$ genau dann endliche Ordnung, wenn die zerlegbaren Pontrjagin - Zahlen von M null sind.

<u>Beweis</u>:

T(M) hat genau dann endliche Ordnung, wenn die induzierte Abbildung $T(M)^*: H^m(A[k];\mathbb{Q}) \longrightarrow H^m(S^m;\mathbb{Q})$ trivial ist.

Aus Lemma 3.7 folgt, daß $c_*: \pi_*(MO[k]/S^0) \longrightarrow \pi_*(bo\langle k\rangle)$ surjektiv ist. Also ist die induzierte Abbildung in $\mathbb{Q}$ - Homologie surjektiv, und die induzierte Abbildung in $\mathbb{Q}$ - Kohomologie injektiv.

Die Elemente der Form $\phi(a)$, wo a ein zerlegbares Monom in den Pontrjaginklassen des universellen Bündels über $BO\langle k\rangle$ ist, bilden ein Erzeugendensystem von Kokern c^*.

Also hat T(M) genau dann endliche Ordnung, wenn $T(M)^* b^* \phi(a) = 0$ für alle zerlegbaren a. Dies ist nach Lemma 8.6 genau dann der Fall, wenn alle zerlegbaren Pontrjaginzahlen von M verschwinden.

Q.E.D.

Der Rest dieses Paragraphen dient dem Beweis von Satz 12.3. Der Beweis besteht im wesentlichen aus zwei Teilen:

Einer Abschätzung der Adams - Filtrierung von $\partial_* b_* T(M)$ (siehe Satz 12.7), und einer Charakterisierung der Elemente hoher Adams - Filtrierung in der Adams - Spektralsequenz des Moore - Spektrums (siehe Satz 12.9).

<u>12.7 Satz</u>:

Es sei M eine (k-1)-zusammenhängende, fast geschlossene Mannigfaltigkeit der Dimension m mit $k > 2$. Dann hat $\partial_* b_* T(M)$ mindestens Adams - Filtrierung $h(k-1) - [\log_2 m] + 1$.

<u>Beweis</u>:

Zur Beweisidee: Wenn für eine Abbildung $f: X \longrightarrow Y$ die induzierte Abbildung $f^*: H^q(Y; \mathbb{Z}/2) \longrightarrow H^q(X; \mathbb{Z}/2)$ für $q \leq m$ trivial ist, dann verschwindet auch die induzierte Abbildung der mod 2 - Adams - Spektralsequenzen

$$f_r^{s,t}: E_r^{s,t}(X) \longrightarrow E_r^{s,t}(Y) \qquad \text{für } t-s \leq m$$

(siehe 5.2 v)). Das heißt: Wenn $x \in \pi_m(X)$ Adams - Filtrierung s hat, dann hat $f_*(x) \in \pi_m(Y)$ mindestens Filtrierung s+1.

Also genügt es zum Beweis des Satzes, die Abbildung $\partial \circ b: A[k] \longrightarrow S^1$ als Komposition hinreichend vieler Abbildungen darzustellen, die triviale Homomorphismen in der $\mathbb{Z}/2$ - Kohomologie bis zur Dimension m induzieren.

Die Randabbildung ∂: $MO[k]/S^0 \longrightarrow S^1$ faktorisiert in der Form

$$(*) \qquad MO[k]/S^0 \longrightarrow MO[k-1]/S^0 \longrightarrow \ldots \longrightarrow MO[1]/S^0 \longrightarrow S^1$$

Hierbei verschwindet die induzierte Abbildung $H^*(S^1;\mathbb{Z}/2) \longrightarrow H^*(MO[1]/S^0;\mathbb{Z}/2)$, und aus Korollar 4.5i) folgt, daß die induzierte Abbildung

$$H^q(MO[s]/S^0;\mathbb{Z}/2) \longrightarrow H^q(MO[s+1]/S^0;\mathbb{Z}/2)$$

null ist für $s \equiv 0,1,2,4 \bmod 8$ und $q < 2^{h(s)}$. Es sei F die Anzahl der Abbildungen in der Komposition (*), deren induzierte Abbildungen in $\mathbb{Z}/2$ - Kohomologie bis zur Dimension m einschließlich trivial ist.

Dann gilt:

$$\begin{aligned} F &= \#\{s \in \mathbb{N} \,/\, s \equiv 0,1,2,4 \bmod 8,\ 0<s\leq k-1, m<2^{h(s)}\} + 1 \\ &= h(k-1) - \#\{s \in \mathbb{N} \,/\, s\equiv 0,1,2,4 \bmod 8,\ 0<s\leq k-1, m\geq 2^{h(s)}\} + 1 \\ &\geq h(k-1) - \#\{s \in \mathbb{N} \,/\, s\equiv 0,1,2,4 \bmod 8,\ \log_2 m \geq h(s)\} + 1 \\ &= h(k-1) - [\log_2 m] + 1 \end{aligned}$$

Q.E.D.

<u>12.8 Definition</u>:

Die Kofaser der Spektrenabbildung $S^0 \xrightarrow{\ 2\ } S^0$ bezeichnen wir mit M_2. Man nennt M_2 das <u>$\mathbb{Z}/2$ - Moore - Spektrum</u>.

In [Mahowald, §2] werden die Elemente von $\pi_q(M_2)$ charakterisiert, deren Adams - Filtrierung größer ist als $\frac{1}{5}(q+18)$. Insbesondere gilt:

<u>12.9 Satz (Mahowald)</u>:

Es sei d: $M_2 \longrightarrow S^1$ die Randabbildung der Kofasersequenz $S^0 \xrightarrow{\ 2\ } S^0 \longrightarrow M_2$. Dann gilt:

Wenn die Adams - Filtrierung eines Elementes $x \in \pi_q(M_2)$ größer ist als $\frac{1}{5}(q+18)$, dann liegt $d_*(x)$ in dem Unterraum von $\pi_q(S^1) \cong \pi^s_{q-1}$, der von Bild J und den Elementen der μ - Familie (siehe [Adams IV, Thm.1.2]) aufgespannt wird.

Die Sätze 12.7 und 12.9 sind die beiden Bausteine des nun folgenden

Beweis von Satz 12.3:

Zur Bestimmung von $(\partial\circ b)_* T(M)$ benutzen wir das kommutative Diagramm

$$\begin{array}{ccc}
\pi_m(S^{-1}M_2 \wedge A[k]) & \xrightarrow{(id\wedge\partial\circ b)_*} & \pi_m(S^{-1}M_2 \wedge S^1) \\
\Big\downarrow (d\wedge id)_* & & \Big\downarrow d_* \\
\pi_m(A[k]) & \xrightarrow{(\partial\circ b)_*} & \pi_m(S^1)
\end{array}$$

Wegen $2T(M) = 0$ gibt es ein $x \varepsilon \pi_m(S^{-1}M_2 \wedge A[k])$ mit $(d\wedge id)_*(x) = T(M)$. Die gleiche Argumentation wie im Beweis von Satz 12.7 zeigt, daß $(id\wedge\partial\circ b)_*(x)$ mindestens Filtrierung $h(k-1) - [\log_2 m] + 1$ hat.
Die Voraussetzung $5h(k-1) > m + 5[\log_2 m] + 13$ garantiert, daß das Element $(id\wedge\partial\circ b)_*(x)$ die Voraussetzungen von Satz 12.9 erfüllt. Also liegt $(\partial\circ b)_* T(M) = d_* \circ (id\wedge\partial\circ b)_*(x)$ in dem Unterraum, der von Bild J und den Elementen der μ - Familie aufgespannt wird.
Ein Element μ: $S^{m-1} \longrightarrow S^0$ der μ - Familie induziert einen nichttrivialen Homomorphismus in $\widetilde{KO}$-Theorie [Adams IV, Thm.1.2]. Weil MO[3] = MSpin eine $\widetilde{KO}$ - Thomklasse hat, induziert die Komposition

$$S^{m-1} \longrightarrow S^0 \xrightarrow{\ i\ } MO[3]$$

ebenfalls einen nichttrivialen Homomorphismus in $\widetilde{KO}$. Insbesondere ist $i\circ\mu$ nicht nullhomotop. Geometrisch bedeutet dies, daß eine gerahmte Mannigfaltigkeit, die ein Element der μ - Familie repräsentiert, nicht Rand einer 2-zusammenhängenden Mannigfaltigkeit sein kann.
Also gilt $(\partial\circ b)_* T(M) \varepsilon$ Bild J , und aus Lemma 12.5 folgt $\partial M \varepsilon bP_m$, womit Satz 12.3 bewiesen ist.

Q.E.D.

§13 Die bP_m - Komponente von $\partial: A_m^{<k>} \longrightarrow \Theta_{m-1}$

Im vorigen Paragraphen haben wir gezeigt, daß die Randsphäre einer fast geschlossenen hochzusammenhängenden Mannigfaltigkeit M der Dimension m in vielen Fällen in der Untergruppe bP_m von Θ_{m-1} liegt. Ziel dieses Paragraphen ist es, ∂M in der Gruppe bP_m zu identifizieren (siehe Satz 13.3 für $m \equiv 0 \mod 4$ und Satz 13.5 für $m \equiv 2 \mod 4$).

13.1 Einige bekannte Resultate über bP_m:

Für m ungerade ist bP_m die triviale Gruppe. Für $m = 4n$ ist bP_m eine zyklische Gruppe der Ordnung $2^{2n-2}(2^{2n-1} - 1)Z(4B_n/n)$, wobei $B_n \in \mathbb{Q}$ die n-te Bernoulli - Zahl, und $Z(4B_n/n)$ den Zähler von $4B_n/n$ bezeichnet [Kervaire - Milnor, S.531](seit dem Beweis der Adams - Vermutung durch Quillen / Sullivan weiß man, daß die Ordnung des Bildes des stabilen J - Homomorphismus $J: \pi_{4n-1}(SO) \longrightarrow \pi_{4n-1}^s$ für alle n gleich dem Nenner von $4B_n/4$ ist).

Für $m \equiv 2 \mod 4$, $m \neq 2^i-2$ ist bP_m isomorph zu $\mathbb{Z}/2$. Für $m = 2^i-2$ ist bP_m Null oder $\mathbb{Z}/2$, und zwar verschwindet bP_m genau dann, wenn das Element h_{i-1}^2 im E_2 - Term der mod 2 - Adams - Spektralsequenz von S^0 bis zum E_∞ - Term überlebt ([Kervaire - Milnor, Thm.8.5],[Browder 2]).
Für $i \leq 6$ weiß man, daß h_{i-1}^2 bis zum E_∞ - Term überlebt, d.h. $bP_{2^i-2} = 0$ für $i \leq 6$. Für $i > 6$ ist diese Frage, das sogenannte Kervaire - Invarianten Problem, bisher ungelöst.

13.2 Notation:

Der Rand der in 1.8 beschriebenen Milnor- bzw. Kervaire - Mannigfaltigkeit, den man als Milnor- bzw. Kervaire-Sphäre bezeichnet, ist ein Erzeuger der zyklischen Gruppe bP_m. Wir schreiben Σ_{m-1} für diesen Erzeuger.

13.3 Satz ([Brumfiel]):

Es sei M eine fast geschlossene Spin - Mannigfaltigkeit der Dimension $m = 4n$, $n > 1$ mit $\partial M \in bP_m$, deren zerlegbare Pontrjagin - Zahlen verschwinden. Dann ist sign(M) durch acht teilbar, und es gilt:

$$\partial M = \frac{1}{8}\mathrm{sign}(M)\,\Sigma_{m-1}\in bP_m \;.$$

13.4 Bemerkung:

In Satz 12.3 wurde gezeigt, daß unter gewissen Voraussetzungen der Rand einer (k-1)-zusammenhängenden, fast geschlossenen Mannigfaltigkeit M der Dimension m in bP_m liegt.
Die Voraussetzungen waren einerseits Bedingungen an k und m, andererseits wurde gefordert, daß M ein Element der Ordnung zwei in $\Omega_m^{<k>,fr}/\mathrm{Bild}\,\overline{J}$ repräsentiert, d.h. insbesondere, daß die zerlegbaren Pontrjagin-Zahlen von M verschwinden.
Da wir in den Anwendungen stets Satz 12.3 und Satz 13.3 zusammen benutzen werden, ist es in dieser Arbeit ohne Bedeutung, daß in 13.3 das Verschwinden der zerlegbaren Pontrjagin-Zahlen vorausgesetzt wird.
Eine Verallgemeinerung, die ohne diese Voraussetzung auskommt, findet man in [Stolz].

13.5 Satz:

Es sei M eine fast geschlossene, (k-1)-zusammenhängende Mannigfaltigkeit der Dimension m mit $\partial M \in bP_m$, $m \equiv 2 \bmod 4$, $m \neq 2^i-2$, und $2k \leq m < 2^{h(k-1)-2} - 2$. Dann gilt:

$$\partial M \text{ ist diffeomorph zu } S^{m-1} \iff \mathrm{Kerv}(M) = 0.$$

Hierbei ist h(t) wie in §1 die zahlentheoretische Funktion $h(t) = \#\{s \in \mathbb{N} \,/\, 0 < s \leq t,\ s \equiv 0,1,2,4 \bmod 8\}$, und Kerv(M) ist die Kervaire-Invariante von M. Es sei daran erinnert, daß man für $m < 2^{h(k-1)+1} - 2$ einer (k-1)-zusammenhängenden m-Mannigfaltigkeit eine eindeutige Wu-Struktur geben kann, also insbesondere Kerv(M) definiert ist (vgl. 1.9).

Der Rest des Paragraphen dient dem Beweis von Satz 13.5:
Es sei N eine stabil parallelisierbare Mannigfaltigkeit der Dimension m mit $\partial N = \partial M$. O.B.d.A. können wir annehmen, daß N (k-1)-zusammenhängend ist.
Nach [Kervaire-Milnor, S.536] ist ∂M genau dann diffeomorph zu S^{m-1}, wenn Kerv(N) verschwindet. Also genügt es zum Beweis von (13.5) zu

zeigen Kerv(N) = Kerv(M).
Es sei W die geschlossene, (k-1)-zusammenhängende Mannigfaltigkeit, die durch Verkleben von M und N längs ihres Randes entsteht. Die Kervaire - Invariante von W ist die Summe Kerv(M) + Kerv(N).
Also ist die Behauptung von Satz 13.5 ein Korollar des folgenden Satzes:

13.6 Satz:

Es sei W eine geschlossene, (k-1)-zusammenhängende Mannigfaltigkeit der Dimension 2n mit n ungerade, $2n \neq 2^i-2$, und $2n < 2^{h(k-1)-2}-2$. Dann verschwindet Kerv(W).

Beweis:

Da die Kervaire - Invariante eine Bordismusinvariante für Wu - Mannigfaltigkeiten ist ([Brown, Corollary 1.22]), genügt es zu zeigen, daß W Rand einer Wu - Mannigfaltigkeit ist. Es bezeichne [W] die Bordismusklasse von W, die wir vermöge der Pontrjagin - Thom Konstruktion als Element von $\pi_{2n}(MO[k])$ interpretieren. Es sei $\tilde{p}_k: BO\langle k\rangle \longrightarrow BO\langle v_{n+1}\rangle$ der in 1.9 konstruierte Lift, und $M\tilde{p}_k: MO[k] \longrightarrow MO[v_{n+1}]$ die von $\tilde{p}_k$ induzierte Abbildung der zugehörigen Thom - Spektra.
Dann genügt es zu zeigen, daß [W] unter

$$(M\tilde{p}_k)_*: \pi_{2n}(MO[k]) \longrightarrow \pi_{2n}(MO[v_{n+1}])$$

auf Null abgebildet wird. Das ergibt sich aus den beiden folgenden Lemmata:

13.7 Lemma:

$(M\tilde{p}_k)_*([W])$ hat mindestens Adams - Filtrierung drei.

13.8 Lemma: $E_\infty^{s,2n+s}(MO[v_{n+1}]) = 0$ für $s \geq 3$.

Damit ist Satz 13.6 bewiesen bis auf die Beweise der Lemmata 13.7 und 13.8 .

Beweis von Lemma 13.7:

Es sei j eine natürliche Zahl mit $h(j-1) = h(k-1)-3$. Die Zahl j ist so gewählt, daß die Bedingung $m < 2^{h(j-1)+1} - 2$ erfüllt ist, die die Existenz eines Liftes $\tilde{p}_j: BO\langle j\rangle \longrightarrow BO\langle v_{n+1}\rangle$ garantiert (siehe 1.9). Folglich faktorisiert die Abbildung $M\tilde{p}_k$ in der Form

$$Mp_k: MO[k] \xrightarrow{Mq} MO[j] \xrightarrow{M\tilde{p}_j} MO[v_{n+1}].$$

Wir betrachten das kommutative Diagramm

$$\begin{array}{ccccc} S^0 & \xrightarrow{i} & MO[k] & \xrightarrow{p} & MO[k]/S^0 \\ \downarrow{\scriptstyle id} & & \downarrow{\scriptstyle Mq} & & \downarrow{\scriptstyle Mq} \\ S^0 & \xrightarrow{i} & MO[j] & \xrightarrow{p} & MO[j]/S^0 \end{array}$$

Aus Korollar 4.5 i) folgt, daß die Abbildung $Mq: MO[k]/S^0 \longrightarrow MO[j]/S^0$ über drei Abbildungen faktorisiert, die in $H^t(-;\mathbb{Z}/2)$ für $t \leq m+1$ die triviale Abbildung induzieren (vgl. Beweis von Satz 12.7). Also hat $p_*(Mq)_*([W])$ mindestens Adams - Filtrierung drei.

<u>Hilfssatz</u>:

Die induzierte Abbildung $p_*: E_\infty^{s,2n+s}(MO[j]) \longrightarrow E_\infty^{s,2n+s}(MO[j]/S^0)$ ist injektiv für $s = 0,1$.

<u>Beweis</u>:

Da die Gruppen $\mathrm{Ext}_A^{s,2n+s}(\mathbb{Z}/2, \mathbb{Z}/2)$ für $s = 0,1$ verschwinden [Adams 1], folgt aus der langen Ext - Sequenz zu

$$0 \longleftarrow H^*(S^0;\mathbb{Z}/2) \longleftarrow H^*(MO[j];\mathbb{Z}/2) \longleftarrow H^*(MO[j]/S^0;\mathbb{Z}/2) \longleftarrow 0$$

die Injektivität der Abbildung

$$p_*: E_2^{s,2n+s}(MO[j]) \longrightarrow E_2^{s,2n+s}(MO[j]/S^0) \qquad \text{für } s = 0,1.$$

Aus Dimensionsgründen werden für $s = 0,1$ Elemente in $E_2^{s,2n+s}(MO[j]/S^0)$ nicht von Differentialen getroffen. Deshalb ist auch die Abbildung

$$p_*: E_\infty^{s,2n+s}(MO[j]) \longrightarrow E_\infty^{s,2n+s}(MO[j]/S^0) \qquad \text{für } s = 0,1$$

injektiv, womit der Hilfssatz bewiesen ist.

Aus dem Hilfssatz folgt, daß $(Mq)_*([W]) \in \pi_{2n}(MO[j])$ mindestens Adams - Filtrierung zwei hat. Wird $(Mq)_*([W])$ durch das Element $x \in E_2^{2,2n+2}$ repräsentiert, dann verschwindet $p_*(x)$ wegen der Faktorisierung von $Mq: MO[k]/S^0 \longrightarrow MO[j]/S^0$ in drei kohomologisch triviale Abbildungen.

Also liegt x im Bild des Homomorphismus

$$i_*: E_2^{2,2n+2}(S^0) \longrightarrow E_2^{2,2n+2}(MO[j]) .$$

Die Behauptung von Lemma 13.7 ergibt sich dann aus dem folgenden Hilfssatz:

<u>Hilfssatz</u>: Die Komposition

$$E_2^{2,2n+2}(S^0) \xrightarrow{i_*} E_2^{2,2n+2}(MO[j]) \xrightarrow{(Mp_j)_*} E_2^{2,2n+2}(MO[v_{n+1}])$$

ist trivial für $2n \neq 2^i-2$.

<u>Beweis</u>:
Die Elemente $h_a h_b \in \mathrm{Ext}_A^{2,2^a+2^b}(\mathbb{Z}/2, \mathbb{Z}/2)$, $a \leq b$, $a \neq b-1$, bilden eine Basis von $\mathrm{Ext}_A^{2,*}(\mathbb{Z}/2, \mathbb{Z}/2)$ [Adams 1]. Also sei $2n = 2^a+2^b-2$. Wegen $2n \neq 2^i-2$ gilt dann $a<b$ und $2^a < n+1$.
Aus der multiplikativen Struktur (siehe 6.6) folgt:

$$(M\tilde{p}_j \circ i)_*(h_a h_b) = h_b (M\tilde{p}_j \circ i)_*(h_a) .$$

Also genügt es zu zeigen, daß $(M\tilde{p}_j \circ i)_*(h_a)$ trivial ist. Dies wiederum folgt wegen $2^a < n+1$ aus der allgemeineren

Behauptung: $\mathrm{Ext}_A^{1,t}(H^*(MO[v_{n+1}]; \mathbb{Z}/2), \mathbb{Z}/2) = 0$ für $t \leq n$.

Zum Beweis dieser Behauptung betrachten wir die Serre - Spektralsequenz zu der Faserung $K(\mathbb{Z}/2,n) \longrightarrow BO\langle v_{n+1}\rangle \xrightarrow{p} BO$. Es folgt, daß für $t \leq n$ die Abbildung

$$H^t(BO\langle v_{n+1}\rangle; \mathbb{Z}/2) \xleftarrow{p^*} H^t(BO; \mathbb{Z}/2),$$

und damit auch

$$H^t(MO[v_{n+1}]; \mathbb{Z}/2) \xleftarrow{(Mp)^*} H^t(MO; \mathbb{Z}/2)$$

Isomorphismen sind. Es ist wohlbekannt, daß $H^*(MO; \mathbb{Z}/2)$ ein freier A-Modul ist. Also verschwindet

$$\mathrm{Ext}_A^{1,t}(H^*(MO[v_{n+1}]; \mathbb{Z}/2), \mathbb{Z}/2) = \mathrm{Ext}_A^{1,t}(H^*(MO; \mathbb{Z}/2), \mathbb{Z}/2)$$

für $t \leq n$ wie oben behauptet.

Q.E.D.

Zum Beweis von Lemma 13.8 brauchen wir die folgenden Ergebnisse von W.Browder über $MO/MO[v_{n+1}]$, die Kofaser der Abbildung $Mp: MO[v_{n+1}] \to MO$:

<u>13.9 Lemma ([Browder 2, Thm.6.1 bzw. Thm.6.2])</u>:

i) Es gibt eine Abbildung $h\colon MO/MO[v_{n+1}] \longrightarrow K(\mathbb{Z}/2,n+1)\wedge MO$, sodaß die induzierte Abbildung

$$h^*\colon H^t(K(\mathbb{Z}/2,n+1)\wedge MO;\mathbb{Z}/2) \longrightarrow H^t(MO/MO[v_{n+1}];\mathbb{Z}/2)$$

ein Isomorphismus ist für $t \leq 2n+1$, und $\operatorname{Kern} h^* \cong \mathbb{Z}/2$ für $t=2n+2$.

ii) Der Kern des mod 2 - Hurewicz - Homomorphismus

$$\pi_{2n+1}(MO/MO[v_{n+1}]) \longrightarrow H_{2n+1}(MO/MO[v_{n+1}];\mathbb{Z}/2)$$

ist isomorph zu $\mathbb{Z}/2$.

<u>13.10 Korollar</u>: $E_\infty^{s,2n+1+s}(MO/MO[v_{n+1}]) = 0$ für $s \geq 2$.

<u>Beweis des Korollars</u>:

Es sei x der Erzeuger von $(\operatorname{Kern} h^*)^{2n+2} \cong \mathbb{Z}/2$. Wir werden die beiden möglichen Fälle $Sq^1x \neq 0$ und $Sq^1x = 0$ separat behandeln. Es sei angemerkt, daß eine genauere Analyse die Nichttrivialität von Sq^1x zeigt.

1. Fall: $Sq^1x \neq 0$

Es ist wohlbekannt, daß $H^*(MO;\mathbb{Z}/2)$ und damit auch $H^*(X\wedge MO;\mathbb{Z}/2)$ für einen beliebigen CW - Komplex X freie A-Moduln sind. Aus Lemma 13.9 folgt, daß die Sequenz

$$0 \longleftarrow H^*(MO/MO[v_{n+1}]) \xleftarrow{\;h^*\;} H^*(K(\mathbb{Z}/2,n+1)\wedge MO) \longleftarrow Aa^{1,2n+3}$$
$$x \longleftarrow\!\shortmid\; a^{1,2n+3}$$

eine freie Auflösung bis zur Dimension 2n+2 ist. Also verschwinden nach Satz 6.14 die Gruppen $\operatorname{Ext}_A^{s,2n+1+s}(H^*(MO/MO[v_{n+1}]),\mathbb{Z}/2)$, und damit auch $E_\infty^{s,2n+1+s}(MO/MO[v_{n+1}])$ für $s \geq 2$.

2. Fall: $Sq^1 = 0$

In diesem Fall ist die Sequenz

$$0 \longleftarrow H^*(MO/MO[v_{n+1}]) \xleftarrow{\;h^*\;} H^*(K(\mathbb{Z}/2,n+1)\wedge MO) \longleftarrow (A/ASq^1)\bar{a}^{1,2n+3}$$
$$x \longleftarrow\!\shortmid\; \bar{a}^{1,2n+3}$$

eine fast-freie Auflösung bis zur Dimension 2n+2, und mit Satz 6.14 folgt $E_2^{s,2n+1+s}(MO/MO[v_{n+1}]) \cong \mathbb{Z}/2$ für $s \geq 1$. Aus Dimensionsgründen überlebt das Element in $E_2^{1,2n+2}$ bis zum E_∞- Term, also müssen wegen 13.9 ii) die Elemente in $E_2^{s,2n+1+s}$ für $s \geq 2$ von Differentialen getroffen werden, woraus die Behauptung folgt.

Q.E.D.

Beweis von Lemma 13.8:

Es sei

$$\begin{array}{ccccccc} MO[v_{n+1}] & \xleftarrow{c} & X_1 & \longleftarrow & X_2 & & \\ & \searrow^{a} & \nearrow_{b} & \searrow & \nearrow & & \cdots \\ & & K_0 & & K_1 & & \end{array}$$

eine mod 2 - Adams - Auflösung von $MO[v_{n+1}]$.

Zwischenbehauptung:

Es gibt Abbildungen f,g , die folgendes Diagramm kommutativ ergänzen

$$\begin{array}{ccccccc} MO[v_{n+1}] & \xrightarrow{a} & K_0 & \xrightarrow{b} & X_1 & \xrightarrow{c} & SMO[v_{n+1}] \\ \downarrow{\scriptstyle id} & & \downarrow{\scriptstyle f} & & \downarrow{\scriptstyle g} & & \downarrow{\scriptstyle id} \\ MO[v_{n+1}] & \xrightarrow{Mp} & MO & \xrightarrow{pr} & MO/MO[v_{n+1}] & \xrightarrow{\partial} & SMO[v_{n+1}] \end{array}$$

Beweis:

Es ist wohlbekannt, daß MO eine Einpunktvereinigung von Suspensionen von $K\mathbb{Z}/2$ ist. Nach Konstruktion von K_0 (siehe 5.1) ist die Abbildung $a^*: H^*(K_0;\mathbb{Z}/2) \longrightarrow H^*(MO[v_{n+1}];\mathbb{Z}/2)$ surjektiv. Daraus folgt, daß es eine Abbildung $f: K_0 \longrightarrow MO$ gibt, die das Diagramm

$$\begin{array}{ccccc} & & K_0 & & \\ & \nearrow^{a} & & \searrow^{f} & \\ MO[v_{n+1}] & & \xrightarrow{Mp} & & MO \end{array}$$

kommutativ ergänzt. Durch Leiterergänzung erhält man dann eine Abbildung g mit den gewünschten Eigenschaften. Damit ist die Zwischenbehauptung bewiesen.

Zum Beweis von 13.8 ist zu zeigen, daß jedes Element $x \in \pi_{2n}(MO[v_{n+1}])$ mit $AF(x) \geqslant 3$ trivial ist ($AF(x)$ = Adams - Filtrierung von x).Wegen $AF(x) \geqslant 3$ gibt es ein Element $x_1 \in \pi_{2n+1}(X_1)$ mit $c_*(x_1) = x$ und $AF(x_1) \geqslant 2$. Korollar 13.10 impliziert $g_*(x_1) = 0$, und es folgt $x = c_*(x_1) = \partial_*(g_*(x_1)) = 0$, was zu beweisen war.

Q.E.D.

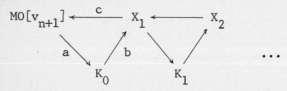

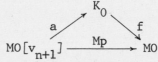

§14 Zur Diffeomorphieklassifikation geschlossener hochzusammenhängender Mannigfaltigkeiten

In diesem Paragraphen wollen wir zeigen, daß man mit Hilfe der Ergebnisse von §12 und §13 in vielen Fällen die Anzahl der Diffeomorphieklassen geschlossener, (k-1)-zusammenhängender Mannigfaltigkeiten der Dimension 2k bzw. 2k+1 berechnen kann.

14.1 Notation:
Es bezeichne $M_m^{<k>}$ (bzw. $AM_m^{<k>}$) die Menge der Diffeomorphieklassen geschlossener (bzw. fast geschlossener) (k-1)-zusammenhängender Mannigfaltigkeiten der Dimension m (AM steht für 'almost closed manifold'). Ferner bezeichne

$$S: M_m^{<k>} \longrightarrow AM_m^{<k>}$$

die Abbildung, die einer geschlossenen Mannigfaltigkeit N die fast geschlossene Mannigfaltigkeit $N - \mathring{D}^m$ zuordnet.

Wir benutzen die Abbildung S, un die Berechnung von $M_m^{<k>}$ in drei Teilprobleme zu zerlegen:

A) Berechnung von $AM_m^{<k>}$

B) Bestimmung von Bild S

C) Bestimmung der Fasern $S^{-1}(M)$ für Elemente $M \varepsilon AM_m^{<k>}$

Zu A): Wie in der Einleitung erwähnt, wurde die Menge $AM_m^{<k>}$ für $m = 2k$, $k \geq 3$, und für $m = 2k+1$, $k \geq 4$, $k \neq 7$, von C.T.C. Wall bestimmt [Wall 1,VI], für $m = 2k+1$, $k = 3,7$ von D.L.Wilkens [Wilkens 1].

Zu B): Das Bild von S besteht offensichtlich aus den fast geschlossenen, (k-1)-zusammenhängenden Mannigfaltigkeiten der Dimension m, deren Rand diffeomorph zu S^{m-1} ist. Mithilfe der Ergebnisse von §12 und §13 ergibt sich das folgende Resultat:

14.2 Satz:
Es sei $M \varepsilon AM_m^{<k>}$ eine fast geschlossene, (k-1)-zusammenhängende

Mannigfaltigkeit der Dimension $m = 2k, 2k+1$, deren zerlegbare Pontrjagin-Zahlen verschwinden. Ferner genüge k den folgenden Bedingungen:

$k \not\equiv 1 \bmod 8$	für $m = 2k+1$
$k > 2$	für $k \equiv 0,1,2,4 \bmod 8$
$k \geqslant 10$	für $k \equiv 2 \bmod 8$
$k \geqslant 105$	für $k \equiv 0,1,4 \bmod 8$.

Dann gilt:

i) Für $m \equiv 1,3 \bmod 4$ oder $m = 2^i - 2$, $i \leqslant 6$:
∂M ist diffeomorph zu S^{m-1}.

ii) Für $m \equiv 2 \bmod 4$, $m \neq 2^i - 2$:
∂M ist diffeomorph zu $S^{m-1} \iff \mathrm{Kerv}(M) = 0$

iii) Für $m \equiv 0 \bmod 4$:
∂M ist diffeomorph zu $S^{m-1} \iff \mathrm{sign}(M) \equiv 0 \bmod 8|bP_m|$
(Zur Erinnerung: $|bP_m| = 2^{2n-2}(2^{2n-1} - 1)Z(4B_n/n)$, vgl. 13.1)

<u>Beweis</u>:

Beim Beweis unterscheiden wir vier Fälle:

a) $k \not\equiv 0,1,2,4 \bmod 8$, $m = 2k+1$

b) $k \not\equiv 0,1,2,4 \bmod 8$, $m = 2k$

c) $k \equiv 2 \bmod 8$

d) $k \equiv 0,1,4 \bmod 8$

Zu a): Für $k \not\equiv 0,1,2,4 \bmod 8$ gilt $A[k] = A[k+1]$, und $A[k+1]$ ist $(2k+1)$-zusammenhängend (Satz 3.1). Also folgt $\pi_{2k+1}(A[k]) = 0$, und mit (12.5) ergibt sich $\partial M \in bP_{2k+1} = 0$, d.h. ∂M ist diffeomorph zu S^{m-1}.

Zu b): Wegen Poincaré-Dualität und universellem Koeffiziententheorem gilt:

$$H_t(M; \mathbb{Z}) = \begin{cases} \text{freie abelsche Gruppe} & \text{für } t = k \\ 0 & \text{für } t \neq k \end{cases}$$

Also ist M homotopieäquivalent zu einer Einpunktvereinigung k-dimensionaler Sphären. Da $\pi_k(BO)$ für $k \not\equiv 0,1,2,4 \bmod 8$ verschwindet, ist M stabil parallelisierbar. Aus den Ergebnissen von [Kervaire-Milnor, Thm.7.5 bzw. S.536] ergeben sich dann die Aussagen i), ii) und iii).

Zu c): Aus Satz 12.2 folgt $\partial M \in bP_m$. Insbesondere gilt $\partial M = S^{m-1}$ für $m = 2k+1$. Für $m = 2k$ ist $m \equiv 0 \bmod 4$, und mit Satz 13.3 folgt, daß ∂M und S^{m-1} genau dann diffeomorph sind, wenn $\mathrm{sign}(M) \equiv 0 \bmod 8|bP_m|$.

Zu d): Da die zerlegbaren Pontrjaginzahlen von M verschwinden, hat nach Lemma 12.6 das von M repräsentierte Element $\bar{\eta}([M]) \varepsilon$ $\Omega_m^{<k>,fr}/\text{Bild}\,\bar{J} \cong \pi_m(A[k])$ endliche Ordnung. Die Berechnung von $\pi_m(A[k])$ in Satz 11.8 zeigt, daß dann $2\bar{\eta}([M]) = 0$ (außer im Fall $k \equiv 1 \bmod 8$, der deshalb durch die Voraussetzungen von Satz 14.2 ausgeschlossen wird). Die Bedingung $k \geq 105$ garantiert, daß für $m = 2k, 2k+1$ die Ungleichung $5h(k-1) > m + 5[\log_2 m] + 13$ gilt. Also genügt M allen Voraussetzungen von Satz 12.3, und es folgt $\partial M \varepsilon bP_m$. Insbesondere ist ∂M diffeomorph zu S^{m-1} für m ungerade.
Für m gerade ergibt sich mit Satz 13.3 (bzw. 13.5), daß ∂M und S^{m-1} genau dann diffeomorph sind, wenn $\text{sign}(M) \equiv 0 \bmod 8|bP_m|$ (bzw. wenn Kerv(M) verschwindet).

Q.E.D.

Zu C): Wir werden in Lemma 14.5 zeigen, daß es einen engen Zusammenhang gibt zwischen der Faser $S^{-1}(M)$ eines Elementes $M \varepsilon AM_m^{<k>}$ und der Trägheitsgruppe einer geschlossenen Mannigfaltigkeit $N \varepsilon S^{-1}(M)$. Im nächsten Paragraphen wird dann die Trägheitsgruppe für eine große Klasse von (k-1)-zusammenhängenden Mannigfaltigkeiten der Dimension 2k und 2k+1 berechnet.

<u>14.3 Definitionen und Notationen</u>:

Es sei $\psi : \Theta_m \times M_m^{<k>} \longrightarrow M_m^{<k>}$
die durch $(\Sigma, N) \longmapsto \Sigma \# N$ definierte Operation. Die Isotropiegruppe von $N \varepsilon M_m^{<k>}$ bezeichnet man als <u>Trägheitsgruppe</u> von N (englisch: inertia group), und schreibt dafür I(N). I(N) besteht also aus den Homotopiesphären $\Sigma \varepsilon \Theta_m$, für die $\Sigma \# N$ und N diffeomorph sind.

Sind V,W Mannigfaltigkeiten, und $f: \partial V \longrightarrow \partial W$ ein Diffeomorphismus, dann schreiben wir $V \cup_f W$ für die Mannigfaltigkeit, die durch Verkleben von V und W längs ihrer Ränder vermöge von f entsteht.
Ist $f: S^{m-1} \longrightarrow S^{m-1}$ ein Diffeomorphismus, so bezeichnen wir die Homotopiesphäre $D^m \cup_f D^m$ mit Σ_f. Aus dem h - Kobordismussatz folgt, daß für $m \geq 5$ jede Homotopiesphäre von der Form Σ_f ist.

Eine wohlbekannte alternative Beschreibung von I(N) gibt das folgende Lemma:

<u>14.4 Lemma</u>:

Es sei N eine geschlossene Mannigfaltigkeit der Dimension $m \geq 6$, und $M := N - \mathring{D}^m$. Dann besteht I(N) aus den Homotopiesphären $\Sigma_f \varepsilon \Theta_m$, für die f die Einschränkung eines Diffeomorphismus $F: M \longrightarrow M$ auf $\partial M = S^{m-1}$ ist.

<u>Beweis</u>:

Ist Σ_f ein Element von I(N), so gibt es einen Diffeomorphismus

$$G: N = D^m \cup_{id} M \longrightarrow \Sigma_f \# N = D^m \cup_f M .$$

Aufgrund des Disk - Lemmas kann man G isotop so abändern, daß $G_{|D^m}$ die Identität ist. Dann ist die Einschränkung $F := G_{|M}$ ein Diffeomorphismus mit $F_{|\partial M} = f$.
Ist umgekehrt $F: M \longrightarrow M$ ein Diffeomorphismus mit $F_{|\partial M} = f$, so läßt sich F zu dem Diffeomorphismus

$$G: N = D^m \cup_{id} M \xrightarrow{id \cup F} D^m \cup_f M = \Sigma_f \# M$$

erweitern, d.h. $\Sigma_f \varepsilon I(N)$.

Q.E.D.

Ganz ähnlich wie im Beweis dieses Lemmas zeigt man, daß für geschlossene Mannigfaltigkeiten N_1, N_2 der Dimension $m \geq 6$ die Mannigfaltigkeiten $N_1 - \mathring{D}^m$ und $N_2 - \mathring{D}^m$ genau dann diffeomorph sind, wenn es eine Homotopiesphäre $\Sigma \varepsilon \Theta_m$ gibt mit $N_1 = \Sigma \# N_2$. Anders ausgedrückt:
Die Fasern der Abbildung S sind die Bahnen der Operation ψ.
Daraus folgt:

<u>14.5 Lemma</u>:

Es sei N eine geschlossene, (k-1)-zusammenhängende Mannigfaltigkeit der Dimension $m \geq 6$, und $M := N - \mathring{D}^m$. Dann gibt es eine Bijektion zwischen der Faser $S^{-1}(M)$ und der Quotientengruppe $\Theta_m / I(N)$.

§15 Trägheitsgruppen hochzusammenhängender Mannigfaltigkeiten

Das Hauptresultat dieses Paragraphen ist Satz 15.4, der zeigt, daß die Trägheitsgruppe I(N) einer (k-1)-zusammenhängenden Mannigfaltigkeit N der Dimension $m = 2k, 2k+1$ in vielen Fällen trivial ist.
Eine Voraussetzung an N ist für $m = 2k+1$, k gerade, $k+1 \neq 3,7$ das Verschwinden einer Invarianten $\hat{\phi}(N) \in H^{k+1}(N; \mathbb{Z}/2)$. Um $\hat{\phi}$ zu definieren brauchen wir die folgende Aussage:

15.1 Lemma:

Es sei k eine gerade Zahl mit $k+1 \neq 3,7$. Dann verschwindet die (k+2)-te Wu-Klasse $v_{k+2}(\bar{\gamma}_k) \in H^{k+2}(BO\langle k\rangle; \mathbb{Z}/2)$ des universellen Bündels $\bar{\gamma}_k$ über $BO\langle k\rangle$ (vgl. 1.4).

Beweis:

$v_{k+2}(\bar{\gamma}_k)$ liegt im Bild der Abbildung

$$p_k^*: H^{k+2}(BO; \mathbb{Z}/2) \longrightarrow H^{k+2}(BO\langle k\rangle; \mathbb{Z}/2).$$

Aus Korollar 4.5 i) folgt die Trivialität dieser Abbildung für $k \geq 10$, insbesondere verschwindet dann $v_{k+2}(\bar{\gamma}_k)$.
Um die Trivialität von $v_6(\bar{\gamma}_4)$ und $v_{10}(\bar{\gamma}_8)$ zu zeigen, benutzen wir die folgenden Adem-Relationen:

$$Sq^6 = Sq^2(Sq^4 + Sq^3Sq^1) \qquad Sq^{10} = Sq^2(Sq^8 + Sq^7Sq^1) .$$

Nach Definition von $v_n(\bar{\gamma}_k)$ gilt $v_n(\bar{\gamma}_k)U = \chi(Sq^n)U$, wobei U die Thom-Klasse von $\bar{\gamma}_k$, und χ den kanonischen Antiautomorphismus der Steenrod-Algebra bezeichnet. Aus den Adem-Relationen ergeben sich die folgenden Identitäten in $H^*(MO[4]; \mathbb{Z}/2)$:

$$v_6(\bar{\gamma}_4)U = \chi(Sq^6)U = \chi(Sq^4 + Sq^3Sq^1)\chi(Sq^2)U$$

$$v_{10}(\bar{\gamma}_4)U = \chi(Sq^{10})U = \chi(Sq^8 + Sq^7Sq^1)\chi(Sq^2)U$$

Da $\bar{\gamma}_4$ ein Spinbündel ist, verschwindet $\chi(Sq^2)U = w_2(\bar{\gamma}_4)U$, und damit auch die charakteristischen Klassen $v_6(\bar{\gamma}_4)$ und $v_{10}(\bar{\gamma}_4)$, also auch $v_{10}(\bar{\gamma}_8)$ als Pull-back von $v_{10}(\bar{\gamma}_4)$. Q.E.D.

Mit den in 1.9 gemachten Überlegungen folgt aus Lemma 15.1, daß für k gerade, $k+1 \neq 3,7$ jede (k-1)-zusammenhängende, (2k+2)-dimensionale Mannigfaltigkeit W eine Wu - Mannigfaltigkeit ist. Insbesondere ist die Brown'sche quadratische Form

$$q: H^{k+1}(W/\partial W; \mathbb{Z}/2) \longrightarrow \mathbb{Z}/2$$

definiert (vgl. 1.9). Läßt sich W in der Form $W = I \times M$ schreiben, wobei M eine (k-1)-zusammenhängende Mannigfaltigkeit der Dimension 2k+1 ist, dann verschwindet das Cup - Produkt in der Kohomologie von $W/\partial W = S(M/\partial M)$, und q ist somit ein Homomorphismus.

15.2 Definition:

Für eine geschlossene oder fast geschlossene Mannigfaltigkeit M der Dimension 2k+1 mit k gerade, $k+1 \neq 3,7$, sei $\phi: H_{k+1}(M; \mathbb{Z}/2) \longrightarrow \mathbb{Z}/2$ die folgende Komposition:

$$H_{k+1}(M; \mathbb{Z}/2) \overset{D}{\cong} H^k(M/\partial M; \mathbb{Z}/2) \overset{\sigma}{\cong} H^{k+1}(S(M/\partial M); \mathbb{Z}/2) \xrightarrow{\;q\;} \mathbb{Z}/2$$

Hierbei ist D die Poincaré - Dualität, und σ der Suspensionsisomorphismus. Das Bild von ϕ unter dem Isomorphismus

$$\mathrm{Hom}(H_{k+1}(M; \mathbb{Z}/2), \mathbb{Z}/2) \cong H^{k+1}(M; \mathbb{Z}/2)$$

bezeichnen wir mit $\hat{\phi}(M)$.

15.3 Bemerkung:

Repräsentiert man $x \in H_{k+1}(M; \mathbb{Z}/2)$ durch eine Einbettung $e: S^{k+1} \hookrightarrow M$, so hängt $\phi(x)$ nur von dem Bild des Normalenbündels $\nu(e)$ unter der Stabilisierungsabbildung $S: \pi_k(SO_k) \longrightarrow \pi_k(SO_{k+1})$ ab.
Das zeigt, daß $\hat{\phi}$ ein guter Kandidat für die Wall'sche Invariante $\hat{\phi}$ ist, die in der Diffeomorphieklassifikation (k-1)-zusammenhängender (2k+1)-Mannigfaltigkeiten eine Rolle spielt, für deren Definition aber auf einen nie erschienenen siebten Teil der Wall'schen Serie verwiesen wird.
In diesem Zusammenhang sei auf das folgende Versehen in [Wall VI] hingewiesen:
Auf Seite 278 unten wird behauptet, der Kern der Stabilisierungsabbildung $S: S\pi_k(SO_k) \longrightarrow \pi_k(SO)$ für k gerade, $k \neq 2,4,8$ sei isomorph zu $\mathbb{Z}/2$. Hier ist jedoch die Bedingung $k \neq 2,4,8$ durch $k \neq 2,6$ zu ersetzen,

denn der Kern von S wird von dem Tangentialbündel von S^{k+1} erzeugt, das für $k = 2,6$ trivial ist. Also sollte die Invariante $\hat{\phi}$ für $k \neq 2,6$ definiert sein, und entsprechend ist der Klassifikationssatz zu modifizieren.

<u>15.4 Satz</u>:

Es sei N eine geschlossene, (k-1)-zusammenhängende Mannigfaltigkeit der Dimension $m = 2k, 2k+1$, wobei k den folgenden Bedingungen genüge:

$k > 2$ für $k \equiv 5,6 \mod 8$

$k > 10$ für $k \equiv 2 \mod 8$

$k \geq 106$ für $k \equiv 0,1,3,4,7 \mod 8$.

Dann verschwindet die Trägheitsgruppe I(N) in den folgenden Fällen:

i) $m = 2k$, $k \not\equiv 1 \mod 8$

ii) $m = 2k+1$, $k+1 \equiv 2 \mod 4$

iii) $m = 2k+1$, $k+1 = 4n$, und die rationale Pontrjaginklasse $p_n(N) \in H^{k+1}(N;\mathbb{Q})$ verschwindet

iv) $m = 2k+1$, $k+1$ ungerade, $k+1 \neq 2^{i-1}-1$, $k \geq 18$, und die Invariante $\hat{\phi}(N)$ verschwindet

v) $m = 2k+1$, $k+1 = 2^{i-1}-1$, $i \leq 6$

Ferner gilt für $m = 2k+1$, $k+1$ ungerade, $k+1 \neq 2^{i-1}-1$, $\hat{\phi}(N) \neq 0$, und $H_k(N;\mathbb{Z})$ torsionsfrei: $I(N) = bP_{m+1} \cong \mathbb{Z}/2$.

<u>15.5 Vermutung</u>:

Die letzte Aussage von Satz 15.4 gilt auch ohne die Voraussetzung an $H_k(N;\mathbb{Z})$.

In dem Rest dieses Paragraphen werden wir Satz 15.4 in vier Schritten beweisen:

1. Die Elemente von I(N) lassen sich als die Randsphären von modifizierten Abbildungstori $\widetilde{M}_F$ charakterisieren. Hierbei ist M die Mannigfaltigkeit $N - \mathring{D}^m$, und $F: M \longrightarrow M$ ist ein Diffeomorphismus.
2. $\partial\widetilde{M}_F \in bP_{m+1}$
3. $\partial\widetilde{M}_F$ ist diffeomorph zu S^m in den Fällen (i) - (v).
4. Konstruktion von $F: M \rightarrow M$ mit $\partial\widetilde{M}_F$ = Kervairesphäre für $\hat{\phi}(N) \neq 0$

1. Schritt:

15.6 Definition:

Es sei M eine fast geschlossene Mannigfaltigkeit der Dimension m, $D_+^{m-1} \hookrightarrow \partial M$ eine eingebettete Scheibe, und $F: M \longrightarrow M$ ein Diffeomorphismus. Dann bezeichnet man die (m+1)-dimensionale Mannigfaltigkeit

$$M_F := I \times M / (0,x) \sim (1,F(x))$$

als den Abbildungstorus von F.

Ist F eingeschränkt auf D_+^{m-1} die Identität, so induziert die Inklusion $D_+^{m-1} \hookrightarrow \partial M$ eine Einbettung $j: S^1 \times D^{m-1} \hookrightarrow \partial M_F$. Die Mannigfaltigkeit $\widetilde{M}_F := M_F \cup_j D^2 \times D^{m-1}$ bezeichnen wir als den modifizierten Abbildungstorus von F.

15.7 Lemma:

Es sei N eine geschlossene Mannigfaltigkeit der Dimension m, $M := N - \mathring{D}^m$ die zugehörige fast geschlossene Mannigfaltigkeit, und $F: M \longrightarrow M$ ein Diffeomorphismus, der die eingebettete Scheibe $D_+^{m-1} \subset S^{m-1} = \partial M$ identisch abbildet.

Dann ist $\partial \widetilde{M}_F$ diffeomorph zu der Homotopiesphäre Σ_f mit $f = F|_{S^{m-1}}$.

Da man einen Diffeomorphismus $F: M \longrightarrow M$ stets isotop so abändern kann, daß F eingeschränkt auf D_+^{m-1} die Identität ist, folgt mit Lemma 14.4:

15.8 Korollar:

Es sei N eine geschlossene Mannigfaltigkeit der Dimension $m \geq 6$, und $M := N - \mathring{D}^m$. Dann gilt:

$$I(N) = \left\{ \partial \widetilde{M}_F \,/\, F: M \longrightarrow M \text{ Diffeomorphismus mit } F|_{D_+^{m-1}} = id \right\}.$$

Beweis von Lemma 15.7:

Ist F die Identität, so sind $\partial \widetilde{M}_F$ und Σ_f diffeomorph zu S^m. Für einen beliebigen Diffeomorphismus $F: M \longrightarrow M$, der auf D_+^{m-1} die Identität ist, entsteht $\partial \widetilde{M}_F$ aus $\partial \widetilde{M}_{id}$, indem man $\partial \widetilde{M}_{id}$ längs der eingebetteten Scheibe $D_-^{m-1} \subset \partial \widetilde{M}_F$ aufschneidet und vermöge der Einschränkung von F auf D_-^{m-1} neu verklebt. Ebenso entsteht Σ_f aus Σ_{id} durch Aufschneiden und Verkleben längs der eingebetteten Scheibe $D_-^{m-1} \subset S^m = \Sigma_{id}$. Also sind $\partial \widetilde{M}_F$ und Σ_f diffeomorph.

Q.E.D.

<u>2. Schritt</u>:

Wir werden zunächst zwei Eigenschaften des modifizierten Abbildungstorus $\widetilde{M}_F$ beweisen, die es uns erlauben, mithilfe der Resultate aus §12 zu zeigen, daß $\partial\widetilde{M}_F$ in bP_{m+1} liegt.

<u>15.8 Lemma</u>:

Es sei M eine fast geschlossene, (k-1)-zusammenhängende Mannigfaltigkeit der Dimension $m \geqslant 6$ mit einer Einbettung $D_+^{m-1} \hookrightarrow \partial M$, und $F: M \longrightarrow M$ ein Diffeomorphismus mit $F|_{D_+^{m-1}} = id$. Dann gilt:

i) $\widetilde{M}_F$ ist (k-1)-zusammenhängend

ii) Sind die rationalen Pontrjaginklassen von M null, so verschwinden die zerlegbaren Pontrjagin-Zahlen von $\widetilde{M}_F$.

<u>Beweis</u>:

Es sei $M \longrightarrow \widetilde{M}_F$ (bzw. $M \longrightarrow \widetilde{M}_F/\partial\widetilde{M}_F$) die Abbildung, die einem Punkt $x \varepsilon M$ das Element $[1/2,x] \varepsilon \widetilde{M}_F$ (bzw. $\widetilde{M}_F/\partial\widetilde{M}_F$) zuordnet. Die Kofaser dieser Abbildung ist homotopieäquivalent zur reduzierten Suspension von M (bzw. $M/\partial M$), d.h. man hat folgende Kofasersequenzen:

$$(15.9) \qquad \begin{array}{ll} (a) & M \longrightarrow \widetilde{M}_F \xrightarrow{p} SM \\ (b) & M \longrightarrow \widetilde{M}_F/\partial\widetilde{M}_F \xrightarrow{p} S(M/\partial M) \end{array}$$

Zu i): Für k=1 ist die Behauptung klar, also können wir o.B.d.A. annehmen, daß M einfach zusammenhängend ist. Aus der Faserhomotopiesequenz zu der Faserung $M \to M_F \to S^1$ folgt dann $\pi_1(M_F) \cong \mathbb{Z}$. Beim Übergang zu $\widetilde{M}_F$ wird gerade der Erzeuger von $\pi_1(M_F)$ annihiliert, d.h. $\widetilde{M}_F$ ist 1-zusammenhängend. Aus der exakten Homologiesequenz zur Kofasersequenz 15.9 a) ergibt sich $H_t(\widetilde{M}_F;\mathbb{Z}) = 0$ für $t < k$. Also ist $\widetilde{M}_F$ (k-1)-zusammenhängend.

Zu ii): Aus der exakten Kohomologiesequenz zur Kofasersequenz 15.9 b) folgt, daß die Pontrjagin-Klassen $p_i(\widetilde{M}_F) \varepsilon H^{4i}(\widetilde{M}_F;\mathbb{Q}) \cong H^{4i}(\widetilde{M}_F/\partial\widetilde{M}_F;\mathbb{Q})$ im Bild der Abbildung

$$p^*: H^{4i}(S(M/\partial M);\mathbb{Q}) \longrightarrow H^{4i}(\widetilde{M}_F/\partial\widetilde{M}_F;\mathbb{Q})$$

liegen. Insbesondere verschwinden dann die zerlegbaren Pontrjagin-Zahlen von $\widetilde{M}_F$ wegen der Trivialität des Cupproduktes in der Kohomologie von Suspensionen.

Q.E.D.

15.10 Lemma:

N genüge den Voraussetzungen von Satz 15.4. Es sei $M := N - \overset{\circ}{D}^m$, und $F: M \longrightarrow M$ ein Diffeomorphismus mit $F|_{D_+^{m-1}} = id$.

Dann gilt $\partial\widetilde{M}_F \in bP_{m+1}$.

Beweis:

Beim Beweis unterscheiden wir drei Fälle:

a) $k \equiv 5,6 \mod 8$

b) $k \equiv 2 \mod 8$

c) $k \equiv 0,1,3,4,7 \mod 8$

Zu a): Nach Satz 3.1 (ii) gilt $A[k] = A[k+1]$ für $k \equiv 0,1,2,4 \mod 8$. Insbesondere folgt für $k \equiv 5,6 \mod 8$: $\pi_{m+1}(A[k]) = \pi_{m+1}(A[k+2]) = 0$, da $A[k+2]$ nach Satz 3.1 iii) $(2k+3)$-zusammenhängend ist. Mit Lemma 12.5 ergibt sich daraus $\partial\widetilde{M}_F \in bP_{m+1}$.

Zu b): Folgt direkt aus Satz 12.2.

Zu c): Nach Lemma 15.8 ii) verschwinden die zerlegbaren Pontrjagin-Zahlen von $\widetilde{M}_F$, sodaß das von $\widetilde{M}_F$ repräsentierte Element $\bar{\eta}([\widetilde{M}_F]) \in \Omega_{m+1}^{<k>,fr}/\text{Bild}\,\bar{J} \cong \pi_{m+1}(A[k])$ nach Lemma 12.6 endliche Ordnung hat. Die Berechnung von $\pi_{m+1}(A[k])$ in Satz 11.8 zeigt, daß daraus $2\bar{\eta}([M_F]) = 0$ folgt (außer im Fall $k \equiv 1 \mod 8$, $m = 2k$, der deshalb durch die Voraussetzungen von Satz 15.4 ausgeschlossen wird). Die Bedingung $k \geq 106$ garantiert, daß $5h(k-1) > (m+1) + 5[\log_2(m+1)] + 13$ gilt für $m = 2k, 2k+1$. Also genügt $\widetilde{M}_F$ den Voraussetzungen von Satz 12.3, und es folgt $\partial M_F \in bP_{m+1}$.

Q.E.D.

3. Schritt:

15.11 Lemma:

N genüge den Voraussetzungen von 15.4, und es liege einer der Fälle (i) - (v) vor. Ferner sei $F: M \longrightarrow M$ ein Diffeomorphismus, dessen Einschränkung auf D_+^{m-1} die Identität ist.

Dann ist $\partial\widetilde{M}_F$ diffeomorph zu S^m.

Beweis:

Zu (i),(v): In diesen Fällen folgt die Behauptung wegen $bP_{m+1} = 0$ aus Lemma 15.10.

Zu (ii),(iii): Für $k+1 \equiv 2 \bmod 4$ verschwinden die zerlegbaren Pontrjagin-Zahlen von $\widetilde{M}_F$ aus Dimensionsgründen, für $k+1 \equiv 0 \bmod 4$ folgt dies mit Lemma 15.8. Ebenso verschwindet $\operatorname{sign}(\widetilde{M}_F) = \operatorname{sign}(M_F)$ [Browder 3, Thm.2.2], und folglich ist $\partial\widetilde{M}_F$ nach Satz 13.3 diffeomorph zu S^m.

Zu (iv): Wie in [Browder 3, Thm.2.2] zeigt man, daß das Bild von

$$p^*: H^{k+1}(S(M/\partial M); \mathbb{Z}/2) \longrightarrow H^{k+1}(\widetilde{M}_F/\partial\widetilde{M}_F; \mathbb{Z}/2)$$

ein Unterraum halber Dimension ist. Die Bedingung $\hat{\phi}(M) = 0$ garantiert, daß die quadratische Form q auf diesem Unterraum verschwindet, also gilt $\operatorname{Kerv}(\widetilde{M}_F) = 0$. Nach Satz 13.5 folgt daraus für $k \geq 18$, daß $\partial\widetilde{M}_F$ diffeomorph zu S^m ist.

Q.E.D.

4. Schritt:

Ehe wir einen Diffeomorphismus $F: M \longrightarrow M$ konstruieren, dessen modifizierter Abbildungstorus die Kervaire - Sphäre als Rand hat (Lemma 15.14), definieren wir sogenannte Twistelemente und drücken die Kervaire - Invariante von $\widetilde{M}_F$ durch diese aus (Satz 15.12).

Zur Definition der Twistelemente:

Es sei M eine fast geschlossene, (k-1)-zusammenhängende Mannigfaltigkeit der Dimension m, $D_+^{m-1} \subset \partial M$ eine eingebettete Scheibe, und $F: M \to M$ ein Diffeomorphismus, der eingeschränkt auf eine Kragenumgebung K von D_+^{m-1} die Identität ist.

Ferner sei $e: S^k \hookrightarrow M$ eine Einbettung mit $F|_{e(S^k)} = \mathrm{id}$, und $e(D_+^k) \subset K$. Dann operiert das Differential von F auf dem Normalenbündel von $e(S^k)$, und diese Operation bestimmt ein Element $\chi(F,e) \in \pi_k(SO_{m-k})$, das wir als das Twistelement von (F,e) bezeichnen.

Vorsicht: $\chi(F,e)$ ist keine Invariante der Isotopieklassen von F und e (vgl. [Wall II, §6]).

Um die Kervaire - Invariante von $\widetilde{M}_F$ für $m = 2k+1$, $k+1$ ungerade, $k+1 \neq 3,7$ durch Twistelemente ausdrücken zu können, definieren wir eine Abbildung

$$(15.12) \qquad s: \pi_k(SO_{k+1}) \longrightarrow \mathbb{Z}/2$$

für $k+1$ ungerade, $k+1 \neq 3,7$ wie folgt: Ein Element $\alpha \in \pi_k(SO_{k+1})$ kann man als (k+1)-dimensionales Vektorbündel über der (k+1)-dimensionalen Sphäre interpretieren. Das Scheibenbündel $D(\alpha)$ ist dann wegen (15.1) eine (2k+2)-dimensionale Wu - Mannigfaltigkeit. Insbesondere ist die Brown'sche quadratische Form

$$q: H^{k+1}(D(\alpha)/\partial D(\alpha); \mathbb{Z}/2) \longrightarrow \mathbb{Z}/2$$

erklärt, und wir definieren $s(\alpha) := q(U_\alpha)$, wobei $U_\alpha \varepsilon H^{k+1}(D(\alpha)/\partial D(\alpha))$ die Thom - Klasse von α ist.

Aus den Eigenschaften von q ergibt sich, daß das Tangentialbündel von S^{k+1} unter s auf das nichttriviale Element abgebidet wird (siehe z.B. [Brown, Cor.1.13]).

15.13 Satz:

Es sei M eine fast geschlossene, (k-1)-zusammenhängende Mannigfaltigkeit der Dimension 2k+1, k+1 ungerade, $k+1 \neq 3,7$, und $e_i: S^k \hookrightarrow M$, $i = 1,2,\ldots,t$, seien disjunkte Einbettungen mit $e_i(D^k_+) \subset K$, sodaß die zugehörigen Homologieklassen $\bar{e}_i := h(e_i) \varepsilon H_k(M; \mathbb{Z}/2)$ eine Basis bilden. Ferner sei $F: M \longrightarrow M$ ein Diffeomorphismus mit $F|_{e_i(S^k) \cup K} = \mathrm{id}$ und $\chi(F,e_i) \varepsilon S\pi_k(SO_k)$. Dann gilt:

$$\mathrm{Kerv}(\widetilde{M}_F) = \sum_{i=1}^{t} \phi(\bar{e}_i^*) s(\chi(F,e_i))$$

Hierbei sind $\bar{e}_i^* \varepsilon H_{k+1}(M; \mathbb{Z}/2)$ die zu $\bar{e}_i \varepsilon H_k(M; \mathbb{Z}/2)$ dualen Basiselemente, und $\phi: H_{k+1}(M; \mathbb{Z}/2) \longrightarrow \mathbb{Z}/2$ ist der in 15.2 definierte Homomorphismus.

Beweis:

Um $\mathrm{Kerv}(\widetilde{M}_F)$ zu bestimmen, müssen wir eine symplektische Basis $\{x_i, y_i\}$, $i=1,\ldots,t$ von $H^{k+1}(\widetilde{M}_F/\partial\widetilde{M}_F)$ angeben, d.h. eine Basis mit $x_i y_j = \delta_{ij}$, $x_i x_j = 0$, $y_i y_j = 0$. Hierbei schreiben wir kurz xy statt $\langle x \cup y, [\widetilde{M}_F/\partial\widetilde{M}_F]\rangle$, und Homologie- bzw. Kohomologiegruppen haben in diesem Beweis stets $\mathbb{Z}/2$ - Koeffizienten.

Nach Definition der Kervaire - Invarianten gilt dann:

$$\mathrm{Kerv}(\widetilde{M}_F) = \sum_{i=1}^{t} q(x_i) q(y_i) \; .$$

Es sei x_i das Bild von $\bar{e}_i^*$ unter der Kompositon

$$H_{k+1}(M) \overset{D}{\cong} H^k(M/\partial M) \overset{\sigma}{\cong} H^{k+1}(S(M/\partial M)) \xrightarrow{p^*} H^{k+1}(\widetilde{M}_F/\partial\widetilde{M}_F).$$

Weil F eingeschränkt auf $e_i(S^k)$ die Identität ist, hat man die Einbettung

$$id \times e_i : S^1 \times S^k \hookrightarrow M_F \subset \widetilde{M}_F .$$

Es sei $y_i := D(h(id \times e_i)) \in H^{k+1}(\widetilde{M}_F/\partial\widetilde{M}_F)$ die Poincaré - duale Kohomologieklasse. Zum Beweis des Satzes genügt es dann, die folgenden beiden Behauptungen zu zeigen:

(a) $\{x_i, y_i\}$,ist eine symplektische Basis

(b) $q(x_i) = \phi(\bar{e}_i^*)$, $\quad q(y_i) = s(\chi(F, e_i))$

Zu (a): $x_i y_j = \langle p^* \circ \sigma \circ D(\bar{e}_i^*) \cup D(h(id \times e_j)), [\widetilde{M}_F/\partial\widetilde{M}_F] \rangle$

$$= \langle p^* \circ \sigma \circ D(\bar{e}_i^*), h(id \times e_j) \rangle = \langle \sigma \circ D(\bar{e}_i^*), p_* h(id \times e_j) \rangle$$

$$= \langle \sigma \circ D(\bar{e}_i^*), \sigma(\bar{e}_j) \rangle = \langle D(\bar{e}_i^*), \bar{e}_j \rangle = \delta_{ij}$$

Die Produkte $x_i x_j$ sind null, weil das Cupprodukt in $H^*(S(M/\partial M))$ trivial ist. Ebenso verschwinden die Produkte $y_i y_j$ für $i \neq j$, weil die zu y_i bzw. y_j Poincaré - dualen Homologieklassen durch disjunkte Untermannigfaltigkeiten repräsentiert werden.

Um das Produkt $y_i y_i$ zu bestimmen, das sich geometrisch als die Selbstschnittzahl der Homologieklasse $h(id \times e_i)$ interpretieren läßt, repräsentieren wir $h(id \times e_i)$ durch eine eingebettete (k+1)-Sphäre und bestimmen deren Normalenbündel:

<u>15.14 Hilfssatz</u>:

Es sei M eine fast geschlossene Mannigfaltigkeit der Dimension m, $e: S^k \hookrightarrow M$ eine Einbettung mit $e(D_+^k) \subset K$, und $F: M \longrightarrow M$ ein Diffeomorphismus mit $F|_{K \cup e(S^k)} = id$. Dann gibt es eine Einbettung

$$\widetilde{id \times e}: S^{k+1} \hookrightarrow \widetilde{M}_F$$

mit den folgenden Eigenschaften:

i) $\widetilde{id \times e}$ repräsentiert die gleiche Homologieklasse wie die Einbettung $id \times e: S^1 \times S^k \hookrightarrow M_F \subset \widetilde{M}_F$.

ii) Das Normalenbündel $\nu(\widetilde{id \times e})$ ist das Twistelement $\chi(F,e)$.

<u>Beweis</u>:

Wir konstruieren $\widetilde{id \times e}$ durch Surgery auf der Einbettung $id \times e$, d.h. wir setzen $id \times e$ fort zu einer Einbettung

$$S^1 \times S^k \times I \cup D^2 \times D^k_+ \hookrightarrow M_F \cup_j D^2 \times D^{m-1} .$$

Die Einschränkung dieser Einbettung auf die Randkomponente $S^1 \times D^k \cup_{id} D^2 \times S^{k-1} = S^{k+1}$ ist die gesuchte Einbettung $\widetilde{id \times e}$. Offensichtlich repräsentieren $\widetilde{id \times e}$ und $id \times e$ die gleiche Homologieklasse.

Zur Bestimmung des Normalenbündels bemerken wir, daß $\nu(\widetilde{id \times e})$ trivial ist für $F \equiv id$. Für einen beliebigen Diffeomorphismus F mit $F|_{K \cup e(S^k)} = id$ erhält man das Normalenbündel durch Aufschneiden von

$$S^{k+1} = S^1 \times D^k \cup_{id} D^2 \times S^{k-1}$$

längs $D^k \subset S^{k+1}$ und Verkleben des trivialen Bündels vermöge des Twistelementes $\chi(F,e)$. Damit ist der Hilfssatz bewiesen.

Aus dem Hilfssatz folgt $\lambda(\widetilde{id \times e_i}, \widetilde{id \times e_i}) = 0$, denn $\nu(\widetilde{id \times e_i}) = \chi(F,e_i) \in S\pi_k(SO_k)$ (vgl. 9.7 ii)b). Also verschwindet die Selbstschnittzahl von $h(id \times e_i) = h(\widetilde{id \times e_i})$, d.h. $y_i y_i = 0$.

Zu (b): Aus der Definition von x_i, der Natürlichkeit von q bzgl. Grad 1 - Abbildungen zwischen Wu - Mannigfaltigkeiten und der Definition von ϕ folgt:

$$q(x_i) = q(p^* \circ \sigma \circ D(\bar{e}_i^*)) = q(\sigma \circ D(\bar{e}_i^*)) = \phi(\bar{e}_i^*) .$$

Es sei $T(\nu)$ der Thomraum des Normalenbündels der Einbettung $\widetilde{id \times e_i}: S^{k+1} \hookrightarrow \widetilde{M}_F$, und $t: \widetilde{M}_F / \partial \widetilde{M}_F \longrightarrow T(\nu)$ die zugehörige Thomabbildung. Dann ist $t^*(U_\nu)$ Poincaré - dual zu $h(\widetilde{id \times e_i}) = h(id \times e_i)$, d.h. $t^*(U_\nu) = y_i$. Aus der Natürlichkeit von q und dem Hilfssatz 15.14 folgt:

$$q(y_i) = q(t^*(U_\nu)) = q(U_\nu) = s(\nu) = s(\chi(F,e_i)) .$$

Q.E.D.

<u>15.15 Lemma</u>:

Es sei M eine fast geschlossene, (k-1)-zusammenhängende Mannigfaltigkeit der Dimension 2k+1, k+1 ungerade, $k+1 \neq 3,7$ mit $\hat{\phi}(M) \neq 0$ und $H_k(M; \mathbb{Z})$ torsionsfrei. Dann gibt es einen Diffeomorphismus $F: M \rightarrow M$ mit $F|_{D^{m-1}_+} = id$ und $Kerv(\widetilde{M}_F) = 1$.

Zusammen mit Satz 13.5 und Korollar 15.8 ergibt sich daraus die letzte Teilaussage von Satz 15.4.

Beweis von Lemma 15.15:

Wegen $\widehat{\phi}(M) \neq 0$ gibt es eine Basis $\bar{e}_1^*, \ldots, \bar{e}_t^*$ von $H_{k+1}(M; \mathbb{Z}/2)$ mit $\phi(\bar{e}_1^*) \neq 0$ und $\phi(\bar{e}_i^*) = 0$ für $i=2,\ldots,t$.

Es sei $\bar{e}_1, \ldots, \bar{e}_t$ die duale Basis von $H_k(M; \mathbb{Z}/2)$. Wegen der Torsionsfreiheit von $H_k(M; \mathbb{Z})$ und aufgrund des Einbettungssatzes von Haefliger gibt es dann disjunkte Einbettungen $e_i: S^k \hookrightarrow M$, $i=1,\ldots,t$, sodaß die zugehörigen Homologieklassen eine Basis des freien $\mathbb{Z}$-Moduls $H_k(M; \mathbb{Z})$ bilden, und daß ihre Reduktion mod 2 gerade die Elemente $\bar{e}_i$ sind. Ferner gibt es disjunkte Einbettungen $e_i^*: S^{k+1} \hookrightarrow M$, die die zu e_i dualen Homologieklassen repräsentieren.

Nach Lemma 9.5 ist dann M eine zusammenhängende Summe geplumbter Mannigfaltigkeiten M_i, sodaß die eingebetteten Sphären die Seelen von M_i sind.

Zur Konstruktion von F:

Das dem Tangentialbündel von S^{k+1} entsprechende Element $\tau \in S\pi_k(SO_k)$ wird unter der Abbildung $s: \pi_k(SO_{k+1}) \longrightarrow \mathbb{Z}/2$ auf $1 \in \mathbb{Z}/2$ abgebildet (siehe 15.12).

Wir repräsentieren τ durch eine differenzierbare Abbildung

$$(D^k, S^{k-1}) \longrightarrow (SO^{k+1}, id)$$

$$x \longmapsto \tau_x$$

und definieren einen Diffeomorphismus

$$F: D^k \times D^{k+1} \longrightarrow D^k \times D^{k+1}$$

$$\text{durch} \qquad (x, y) \longmapsto (x, \tau_x(y)) .$$

F ist die Identität auf $S^{k-1} \times D^{k+1}$, d.h. er läßt sich fortsetzen zu einem Diffeomorphismus der geplumbten Mannigfaltigkeit M_1:

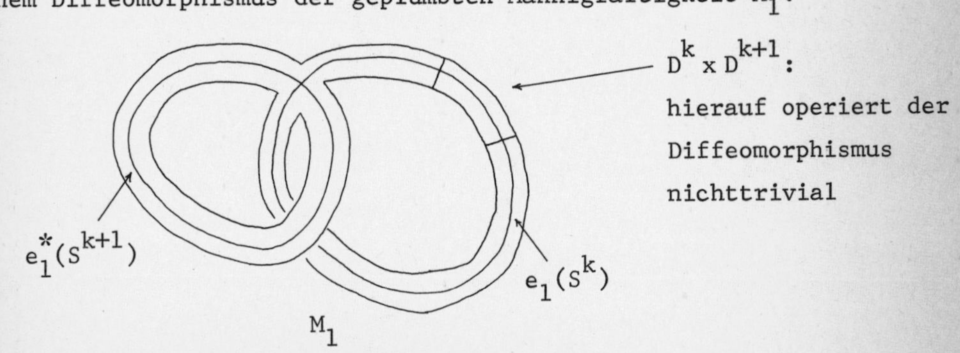

Es sei F die Fortsetzung dieses Diffeomorphismus auf M vermöge der Identität auf M_i für $i = 2,\dots,t$. Dann gilt:

$$s(\chi(F,e_i)) = \begin{cases} 1 & \text{für } i = 1 \\ 0 & \text{für } i = 2,\dots,t \ , \end{cases}$$

und mit Satz 15.13 folgt $\mathrm{Kerv}(\widetilde{M}_F) = \phi(\overline{e}_1^*)s(\chi(F,e_1)) = 1$.

Q.E.D.

Literaturverzeichnis

J.F. Adams 1: On the structure and applications of the Steenrodalgebra, Comm.Math.Helv.32(1958), 180-214

J.F. Adams 2: Stable homotopy theory, Lecture Notes in Mathematics Vol.3, Springer 1964

J.F. Adams 3: Lectures on generalized cohomology, Battelle Institute Conference on category theory, homology theory and their applications, Vol.III(1968), Lecture Notes in Mathematics Vol.99, Springer

J.F. Adams IV: On the groupes J(X) IV, Topology 5(1966), 21-71

N.A. Baas: On the stable Adams spectral sequence, Aarhus Publications No.6 (1969)

D. Barden: Simply connected five-manifolds, Ann. of Math. 82 (1965), 365-385

M. Barrat - M. Mahowald: The metastable homotopy of O(n), Bull.Amer.Math.Soc.70 (1964), 758-760

T. Bier - N. Ray: Detecting framed manifolds in the 8 and 16 stems, Geometric applications of homotopy theory, Evanston 1977, Vol.I, 32-39

W. Browder 1: Surgery on simply connected manifolds, Springer 1972

W. Browder 2: The Kervaire invariant of framed manifolds and its generalizations, Ann. of Math.90 (1969),157-186

W. Browder 3: On the action of $\theta_m(\partial\pi)$, Differential and combinatorial topology; A symposium in honor of Marston Morse, Princeton 1965, 23-36

E.H. Brown, jr.: Generalizations of the Kervaire invariant, Ann. of Math.95 (1972), 369-383

G. Brumfiel: On the homotopy groups of BPL and PL/O, Ann. of Math.88 (1968), 291-311

H. Cartan: Sur les groupes d'Eilenberg - Mac Lane II, Proc. Nat.Acad.Sci. USA 40 (1954), 704-707

D. Frank 1: An invariant for almost - closed manifolds, Bull.Amer.Math.Soc.74 (1968), 562-567

D. Frank 2: On Wall's classification of highly connected manifolds, Topology 13 (1974), 1-8

D. Frank 3: The first exotic class of a manifold, Trans. Amer.Math.Soc. 146 (1969), 387-395

V. Giambalvo: The mod p cohomology of BO<k>,Proc.Amer.Math. Soc.20 (1969), 593-597

D. Husemoller: Fibre bundles, Mac Graw-Hill 1966

M.A. Kervaire: Some nonstable homotopy groups of Lie groups, Illinois J. of Math.4 (1960), 161-169

M.A. Kervaire - J.W. Milnor: Groups of homotopy sheres I, Ann. of Math.77 (1963), 504-537

K.H. Knapp: Rank and Adams filtration of a Lie group, Topology 17 (1978), 41-52

A. Kosinski 1: On the inertia group of π-manifolds, Amer. J. of Math.89(1967), 227-248

A. Kosinski 2: Toda brackets in differential topology, Comm.Math.Helv.89 (1971), 113-123

S. MacLane: Homology, Springer 1963

M. Mahowald: Description homotopy of the elements in the image of the J-homomorphism, Manifolds, Tokyo 1973, Proc.Intern.Conf., Tokyo 1973, 255-263, University Tokyo Press 1975

M. Mahowald - M. Tangora: Some differentials in the Adams spectral sequence, Topology 6 (1967), 349-369

R.J. Milgram: Unstable homotopy from the stable point of view, Lecture Notes in Mathematics Vol. 368, Springer

R. Schultz: Composition constructions on diffeomorphisms of $S^p \times S^q$, Pac.J. of Math.42 (1972), 739-754

W. Singer: Connective fibering over BU and U, Topology 7 (1968), 271-303

N. Steenrod - D.B. Epstein: Cohomology operations, Annals of Mathematics Studies, Princeton University Press 1962

S. Stolz: Note on the bP - component of (4n-1)-dimensional homotopy spheres, in Vorbereitung

R. Stong 1: Notes on cobordism theory, Mathematical Notes, Princeton University Press 1968

R. Stong 2: Determination of $H^*(BO(k,\ldots,\infty);\mathbb{Z}/2)$ and $H^*(BU(k,\ldots,\infty);\mathbb{Z}/2)$, Trans.Amer.Math.Soc.107 (1963), 526-544

H. Toda: On exact sequences in the Steenrod algebra mod 2 , Mem.Coll.Sci.Univ. Kyoto Ser. A 31 (1958), 33-64

C.T.C. Wall 1: Classification of (n-1)-connected 2n-manifolds, Ann. of Math.75 (1962), 163-189

C.T.C. Wall I: Classification of handlebodies, Topology 2, (1963), 253-261

C.T.C. Wall II: Diffeomorphisms of handlebodies, Topology 2, (1963), 263-272

C.T.C. Wall III: Applications to special cases, Topology 3, (1965), 291-304

C.T.C. Wall IV: Thickenings, Topology 5 (1966), 73-94

C.T.C. Wall V: On certain 6-manifolds, Invent.Math.1 (1966), 355-374

C.T.C. Wall VI: Classification of (s-1)-connected (2s+1)-manifolds, Topology 6 (1967), 273-296

D.L. Wilkens 1: Closed (s-1)-connected (2s+1)-manifolds, s=3,7 , Bull. London Math.Soc.4 (1972), 27-31

D.L. Wilkens 2: On the inertia group of certain manifolds, J. London Math.Soc.9 (1975), 537-548

Index

Vol. 952: Combinatorial Mathematics IX. Proceedings, 1981. Edited by E. Billington, S. Oates-Williams, and A.P. Street. XI, 443 pages. 1982.

Vol. 953: Iterative Solution of Nonlinear Systems of Equations. Proceedings, 1982. Edited by R. Ansorge, Th. Meis, and W. Törnig. VII, 202 pages. 1982.

Vol. 954: S.G. Pandit, S.G. Deo, Differential Systems Involving Impulses. VII, 102 pages. 1982.

Vol. 955: G. Gierz, Bundles of Topological Vector Spaces and Their Duality. IV, 296 pages. 1982.

Vol. 956: Group Actions and Vector Fields. Proceedings, 1981. Edited by J.B. Carrell. V, 144 pages. 1982.

Vol. 957: Differential Equations. Proceedings, 1981. Edited by D.G. de Figueiredo. VIII, 301 pages. 1982.

Vol. 958: F.R. Beyl, J. Tappe, Group Extensions, Representations, and the Schur Multiplicator. IV, 278 pages. 1982.

Vol. 959: Géométrie Algébrique Réelle et Formes Quadratiques, Proceedings, 1981. Edité par J.-L. Colliot-Thélène, M. Coste, L. Mahé, et M.-F. Roy. X, 458 pages. 1982.

Vol. 960: Multigrid Methods. Proceedings, 1981. Edited by W. Hackbusch and U. Trottenberg. VII, 652 pages. 1982.

Vol. 961: Algebraic Geometry. Proceedings, 1981. Edited by J.M. Aroca, R. Buchweitz, M. Giusti, and M. Merle. X, 500 pages. 1982.

Vol. 962: Category Theory. Proceedings, 1981. Edited by K.H. Kamps D. Pumplün, and W. Tholen, XV, 322 pages. 1982.

Vol. 963: R. Nottrot, Optimal Processes on Manifolds. VI, 124 pages. 1982.

Vol. 964: Ordinary and Partial Differential Equations. Proceedings, 1982. Edited by W.N. Everitt and B.D. Sleeman. XVIII, 726 pages. 1982.

Vol. 965: Topics in Numerical Analysis. Proceedings, 1981. Edited by P.R. Turner. IX, 202 pages. 1982.

Vol. 966: Algebraic K-Theory. Proceedings, 1980, Part I. Edited by R.K. Dennis. VIII, 407 pages. 1982.

Vol. 967: Algebraic K-Theory. Proceedings, 1980. Part II. VIII, 409 pages. 1982.

Vol. 968: Numerical Integration of Differential Equations and Large Linear Systems. Proceedings, 1980. Edited by J. Hinze. VI, 412 pages. 1982.

Vol. 969: Combinatorial Theory. Proceedings, 1982. Edited by D. Jungnickel and K. Vedder. V, 326 pages. 1982.

Vol. 970: Twistor Geometry and Non-Linear Systems. Proceedings, 1980. Edited by H.-D. Doebner and T.D. Palev. V, 216 pages. 1982.

Vol. 971: Kleinian Groups and Related Topics. Proceedings, 1981. Edited by D.M. Gallo and R.M. Porter. V, 117 pages. 1983.

Vol. 972: Nonlinear Filtering and Stochastic Control. Proceedings, 1981. Edited by S.K. Mitter and A. Moro. VIII, 297 pages. 1983.

Vol. 973: Matrix Pencils. Proceedings, 1982. Edited by B. Kågström and A. Ruhe. XI, 293 pages. 1983.

Vol. 974: A. Draux, Polynômes Orthogonaux Formels – Applications. VI, 625 pages. 1983.

Vol. 975: Radical Banach Algebras and Automatic Continuity. Proceedings, 1981. Edited by J.M. Bachar, W.G. Bade, P.C. Curtis Jr., H.G. Dales and M.P. Thomas. VIII, 470 pages. 1983.

Vol. 976: X. Fernique, P.W. Millar, D.W. Stroock, M. Weber, Ecole d'Eté de Probabilités de Saint-Flour XI – 1981. Edited by P.L. Hennequin. XI, 465 pages. 1983.

Vol. 977: T. Parthasarathy, On Global Univalence Theorems. VIII, 106 pages. 1983.

Vol. 978: J. Ławrynowicz, J. Krzyż, Quasiconformal Mappings in the Plane. VI, 177 pages. 1983.

Vol. 979: Mathematical Theories of Optimization. Proceedings, 1981. Edited by J.P. Cecconi and T. Zolezzi. V, 268 pages. 1983.

Vol. 980: L. Breen. Fonctions thêta et théorème du cube. XIII, 115 pages. 1983.

Vol. 981: Value Distribution Theory. Proceedings, 1981. Edited by I. Laine and S. Rickman. VIII, 245 pages. 1983.

Vol. 982: Stability Problems for Stochastic Models. Proceedings, 1982. Edited by V. V. Kalashnikov and V. M. Zolotarev. XVII, 295 pages. 1983.

Vol. 983: Nonstandard Analysis-Recent Developments. Edited by A.E. Hurd. V, 213 pages. 1983.

Vol. 984: A. Bove, J. E. Lewis, C. Parenti, Propagation of Singularities for Fuchsian Operators. IV, 161 pages. 1983.

Vol. 985: Asymptotic Analysis II. Edited by F. Verhulst. VI, 497 pages. 1983.

Vol. 986: Séminaire de Probabilités XVII 1981/82. Proceedings. Edited by J. Azéma and M. Yor. V, 512 pages. 1983.

Vol. 987: C. J. Bushnell, A. Fröhlich, Gauss Sums and p-adic Division Algebras. XI, 187 pages. 1983.

Vol. 988: J. Schwermer, Kohomologie arithmetisch definierter Gruppen und Eisensteinreihen. III, 170 pages. 1983.

Vol. 989: A.B. Mingarelli, Volterra-Stieltjes Integral Equations and Generalized Ordinary Differential Expressions. XIV, 318 pages. 1983.

Vol. 990: Probability in Banach Spaces IV. Proceedings, 1982. Edited by A. Beck and K. Jacobs. V, 234 pages. 1983.

Vol. 991: Banach Space Theory and its Applications. Proceedings, 1981. Edited by A. Pietsch, N. Popa and I. Singer. X, 302 pages. 1983.

Vol. 992: Harmonic Analysis, Proceedings, 1982. Edited by G. Mauceri, F. Ricci and G. Weiss. X, 449 pages. 1983.

Vol. 993: R. D. Bourgin, Geometric Aspects of Convex Sets with the Radon-Nikodým Property. XII, 474 pages. 1983.

Vol. 994: J.-L. Journé, Calderón-Zygmund Operators, Pseudo-Differential Operators and the Cauchy Integral of Calderón. VI, 129 pages. 1983.

Vol. 995: Banach Spaces, Harmonic Analysis, and Probability Theory. Proceedings, 1980–1981. Edited by R.C. Blei and S.J. Sidney. V, 173 pages. 1983.

Vol. 996: Invariant Theory. Proceedings, 1982. Edited by F. Gherardelli. V, 159 pages. 1983.

Vol. 997: Algebraic Geometry – Open Problems. Edited by C. Ciliberto, F. Ghione and F. Orecchia. VIII, 411 pages. 1983.

Vol. 998: Recent Developments in the Algebraic, Analytical, and Topological Theory of Semigroups. Proceedings, 1981. Edited by K.H. Hofmann, H. Jürgensen and H. J. Weinert. VI, 486 pages. 1983.

Vol. 999: C. Preston, Iterates of Maps on an Interval. VII, 205 pages. 1983.

Vol. 1000: H. Hopf, Differential Geometry in the Large, VII, 184 pages. 1983.

Vol. 1001: D.A. Hejhal, The Selberg Trace Formula for PSL(2, $\mathbb{R}$). Volume 2. VIII, 806 pages. 1983.

Vol. 1002: A. Edrei, E.B. Saff, R.S. Varga, Zeros of Sections of Power Series. VIII, 115 pages. 1983.

Vol. 1003: J. Schmets, Spaces of Vector-Valued Continuous Functions. VI, 117 pages. 1983.

Vol. 1004: Universal Algebra and Lattice Theory. Proceedings, 1982. Edited by R.S. Freese and O.C. Garcia. VI, 308 pages. 1983.

Vol. 1005: Numerical Methods. Proceedings, 1982. Edited by V. Pereyra and A. Reinoza. V, 296 pages. 1983.

Vol. 1006: Abelian Group Theory. Proceedings, 1982/83. Edited by R. Göbel, L. Lady and A. Mader. XVI, 771 pages. 1983.

Vol. 1007: Geometric Dynamics. Proceedings, 1981. Edited by J. Palis Jr. IX, 827 pages. 1983.

Vol. 1008: Algebraic Geometry. Proceedings, 1981. Edited by J. Dolgachev. V, 138 pages. 1983.

Vol. 1009: T. A. Chapman, Controlled Simple Homotopy Theory and Applications. III, 94 pages. 1983.

Vol. 1010: J.-E. Dies, Chaînes de Markov sur les permutations. IX, 226 pages. 1983.

Vol. 1011: J. M. Sigal. Scattering Theory for Many-Body Quantum Mechanical Systems. IV, 132 pages. 1983.

Vol. 1012: S. Kantorovitz, Spectral Theory of Banach Space Operators. V, 179 pages. 1983.

Vol. 1013: Complex Analysis – Fifth Romanian-Finnish Seminar. Part 1. Proceedings, 1981. Edited by C. Andreian Cazacu, N. Boboc, M. Jurchescu and I. Suciu. XX, 393 pages. 1983.

Vol. 1014: Complex Analysis – Fifth Romanian-Finnish Seminar. Part 2. Proceedings, 1981. Edited by C. Andreian Cazacu, N. Boboc, M. Jurchescu and I. Suciu. XX, 334 pages. 1983.

Vol. 1015: Equations différentielles et systèmes de Pfaff dans le champ complexe – II. Seminar. Edited by R. Gérard et J. P. Ramis. V, 411 pages. 1983.

Vol. 1016: Algebraic Geometry. Proceedings, 1982. Edited by M. Raynaud and T. Shioda. VIII, 528 pages. 1983.

Vol. 1017: Equadiff 82. Proceedings, 1982. Edited by H. W. Knobloch and K. Schmitt. XXIII, 666 pages. 1983.

Vol. 1018: Graph Theory, Łagów 1981. Proceedings, 1981. Edited by M. Borowiecki, J. W. Kennedy and M. M. Sysło. X, 289 pages. 1983.

Vol. 1019: Cabal Seminar 79–81. Proceedings, 1979–81. Edited by A. S. Kechris, D. A. Martin and Y. N. Moschovakis. V, 284 pages. 1983.

Vol. 1020: Non Commutative Harmonic Analysis and Lie Groups. Proceedings, 1982. Edited by J. Carmona and M. Vergne. V, 187 pages. 1983.

Vol. 1021: Probability Theory and Mathematical Statistics. Proceedings, 1982. Edited by K. Itô and J.V. Prokhorov. VIII, 747 pages. 1983.

Vol. 1022: G. Gentili, S. Salamon and J.-P. Vigué. Geometry Seminar "Luigi Bianchi", 1982. Edited by E. Vesentini. VI, 177 pages. 1983.

Vol. 1023: S. McAdam, Asymptotic Prime Divisors. IX, 118 pages. 1983.

Vol. 1024: Lie Group Representations I. Proceedings, 1982–1983. Edited by R. Herb, R. Lipsman and J. Rosenberg. IX, 369 pages. 1983.

Vol. 1025: D. Tanré, Homotopie Rationnelle: Modèles de Chen, Quillen, Sullivan. X, 211 pages. 1983.

Vol. 1026: W. Plesken, Group Rings of Finite Groups Over p-adic Integers. V, 151 pages. 1983.

Vol. 1027: M. Hasumi, Hardy Classes on Infinitely Connected Riemann Surfaces. XII, 280 pages. 1983.

Vol. 1028: Séminaire d'Analyse P. Lelong – P. Dolbeault – H. Skoda. Années 1981/1983. Edité par P. Lelong, P. Dolbeault et H. Skoda. VIII, 328 pages. 1983.

Vol. 1029: Séminaire d'Algèbre Paul Dubreil et Marie-Paule Malliavin. Proceedings, 1982. Edité par M.-P. Malliavin. V, 339 pages. 1983.

Vol. 1030: U. Christian, Selberg's Zeta-, L-, and Eisensteinseries. XII, 196 pages. 1983.

Vol. 1031: Dynamics and Processes. Proceedings, 1981. Edited by Ph. Blanchard and L. Streit. IX, 213 pages. 1983.

Vol. 1032: Ordinary Differential Equations and Operators. Proceedings, 1982. Edited by W. N. Everitt and R. T. Lewis. XV, 521 pages. 1983.

Vol. 1033: Measure Theory and its Applications. Proceedings, 1982. Edited by J. M. Belley, J. Dubois and P. Morales. XV, 317 pages. 1983.

Vol. 1034: J. Musielak, Orlicz Spaces and Modular Spaces. 222 pages. 1983.

Vol. 1035: The Mathematics and Physics of Disordered Me… Proceedings, 1983. Edited by B. D. Hughes and B. W. Ninh… VII, 432 pages. 1983.

Vol. 1036: Combinatorial Mathematics X. Proceedings, 1982. Edi… by L. R. A. Casse. XI, 419 pages. 1983.

Vol. 1037: Non-linear Partial Differential Operators and Quantiza… Procedures. Proceedings, 1981. Edited by S. I. Andersson … H.-D. Doebner. VII, 334 pages. 1983.

Vol. 1038: F. Borceux, G. Van den Bossche, Algebra in a Loca… Topos with Applications to Ring Theory. IX, 240 pages. 1983.

Vol. 1039: Analytic Functions, Błażejewko 1982. Proceedings. Ed… by J. Ławrynowicz. X, 494 pages. 1983

Vol. 1040: A. Good, Local Analysis of Selberg's Trace Formula. 128 pages. 1983.

Vol. 1041: Lie Group Representations II. Proceedings 1982–19… Edited by R. Herb, S. Kudla, R. Lipsman and J. Rosenberg. 340 pages. 1984.

Vol. 1042: A. Gut, K. D. Schmidt, Amarts and Set Function Process… III, 258 pages. 1983.

Vol. 1043: Linear and Complex Analysis Problem Book. Edited b… V. P. Havin, S. V. Hruščëv and N. K. Nikol'skii. XVIII, 721 pages. 198…

Vol. 1044: E. Gekeler, Discretization Methods for Stable Initial V… Problems. VIII, 201 pages. 1984.

Vol. 1045: Differential Geometry. Proceedings, 1982. Edited b… A. M. Naveira. VIII, 194 pages. 1984.

Vol. 1046: Algebraic K-Theory, Number Theory, Geometry and Analysis. Proceedings, 1982. Edited by A. Bak. IX, 464 pages. 1984.

Vol. 1047: Fluid Dynamics. Seminar, 1982. Edited by H. Beirão d… Veiga. VII, 193 pages. 1984.

Vol. 1048: Kinetic Theories and the Boltzmann Equation. Semina… 1981. Edited by C. Cercignani. VII, 248 pages. 1984.

Vol. 1049: B. Iochum, Cônes autopolaires et algèbres de Jordan… VI, 247 pages. 1984.

Vol. 1050: A. Prestel, P. Roquette, Formally p-adic Fields. V, 167 pages… 1984.

Vol. 1051: Algebraic Topology, Aarhus 1982. Proceedings. Edited b… I. Madsen and B. Oliver. X, 665 pages. 1984.

Vol. 1052: Number Theory. Seminar, 1982. Edited by D. V. Chud… novsky, G. V. Chudnovsky, H. Cohn and M. B. Nathanson. V, 30… pages. 1984.

Vol. 1053: P. Hilton, Nilpotente Gruppen und nilpotente Räume… V, 221 pages. 1984.

Vol. 1054: V. Thomée, Galerkin Finite Element Methods for Parabolic… Problems. VII, 237 pages. 1984.

Vol. 1055: Quantum Probability and Applications to the Quantum Theory of Irreversible Processes. Proceedings, 1982. Edited by L. Accardi, A. Frigerio and V. Gorini. VI, 411 pages. 1984.

Vol. 1056: Algebraic Geometry. Bucharest 1982. Proceedings, 1982. Edited by L. Bădescu and D. Popescu. VII, 380 pages. 1984.

Vol. 1057: Bifurcation Theory and Applications. Seminar, 1983. Edited by L. Salvadori. VII, 233 pages. 1984.

Vol. 1058: B. Aulbach, Continuous and Discrete Dynamics near Manifolds of Equilibria. IX, 142 pages. 1984.

Vol. 1059: Séminaire de Probabilités XVIII, 1982/83. Proceedings. Edité par J. Azéma et M. Yor. IV, 518 pages. 1984.

Vol. 1060: Topology. Proceedings, 1982. Edited by L. D. Faddeev and A. A. Mal'cev. VI, 389 pages. 1984.

Vol. 1061: Séminaire de Théorie du Potentiel. Paris, No. 7. Proceedings. Directeurs: M. Brelot, G. Choquet et J. Deny. Rédacteurs: F. Hirsch et G. Mokobodzki. IV, 281 pages. 1984.